ÉTUDES SUR L'ACIER

EXAMEN

DU

PROCÉDÉ HEATON

PAR

M. GRUNER,

INSPECTEUR GÉNÉRAL DES MINES,
PROFESSEUR DE MÉTALLURGIE A L'ÉCOLE IMPÉRIALE
DES MINES.

PARIS

DUNOD, ÉDITEUR,
SUCCESSEUR DE V^{or} DALMONT,
Précédemment Carilian-Gœury et V^{or} Dalmont
LIBRAIRIE DES CORPS IMPÉRIAUX DES PONTS ET CHAUSSÉES ET DES MINES.
Quai des Augustins, n° 49.
1869

DOCIMASIE

TRAITÉ

D'ANALYSE DES SUBSTANCES MINÉRALES

A L'USAGE

DES INGÉNIEURS ET DES DIRECTEURS DE MINES ET D'USINES

PAR

M. L. E. RIVOT

Ingénieur en chef des mines, directeur du laboratoire
et professeur de docimasie à l'École des mines.

4 forts volumes grand in-8.

PRIX : 55 FRANCS

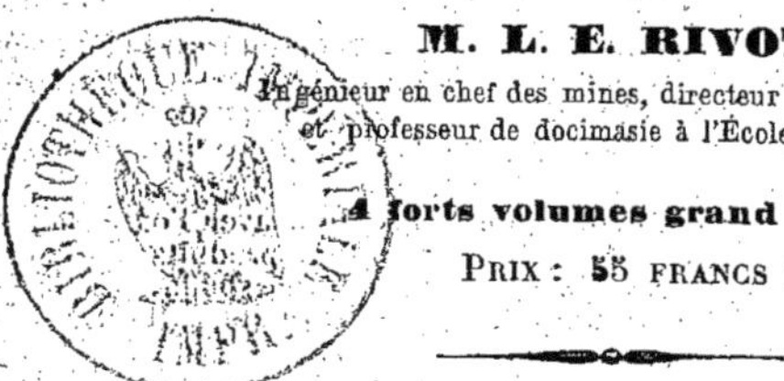

PREMIÈRE PARTIE.

TROISIÈME PARTIE.

QUATRIÈME PARTIE. — MÉTAUX PROPREMENT DITS.

BULLETIN DE SOUSCRIPTION

Je, soussigné, _______________________________________

déclare souscrire pour (¹)____________ *exemplaire* *du* **Traité**

d'analyse des Substances minérales, *par* **M.** Rivot, *qui me*

*ser*________ *adressé* *à* (²)_______________________________

____

moyennant la somme de (³)_______________________________

que je joins en un mandat-poste.

A _______________ *le* ___________________ 186 .

Signature (⁴).

(¹) Mettre le nombre d'exemplaires.
(²) Mettre son adresse complète, et l'écrire très-lisiblement.
(³) Mettre le prix équivalent au nombre d'exemplaires demandés.
(⁴) Signer très-lisiblement.

(Détacher ce bulletin, le cacheter et l'*affranchir* à la poste.)

Paris. — Typographie Hennuyer et Fils, rue du Boulevard, 7.

Monsieur

Monsieur Dunod,

Libraire-Éditeur des Corps impériaux des Ponts et Chaussées
et des Mines,

49, Quai des Augustins.

PARIS.

EXAMEN

DU

PROCÉDÉ HEATON

Paris. — Imprimerie de Cusset et C°, rue Racine, 26.

ÉTUDES SUR L'ACIER

EXAMEN

DU

PROCÉDÉ HEATON

PAR

M. GRUNER,

INSPECTEUR GÉNÉRAL DES MINES,
PROFESSEUR DE MÉTALLURGIE.

PARIS

DUNOD, ÉDITEUR,

SUCCESSEUR DE V.ᵒⁿ DALMONT,

Précédemment Carilian-Gœury et Vᵒⁿ Dalmont

LIBRAIRIE DES CORPS IMPÉRIAUX DES PONTS ET CHAUSSÉES ET DES MINES,

Quai des Augustins, nᵒ 49.

1869

EXAMEN

DU

PROCÉDÉ HEATON

INTRODUCTION.

1. Tout le monde connaît les défauts des grosses pièces de fer produites par soudage. Aux barres soudées, qui manquent d'homogénéité, on cherche à substituer du fer ou de l'acier en lingots.

Les procédés Bessemer et Martin fournissent ces lingots homogènes, le premier en affinant la fonte par l'air seul, le second en faisant réagir du fer doux sur la fonte. Mais les deux méthodes supposent des fontes *pures*, et sont par ce motif d'une application limitée. Obtenir aussi de l'acier fondu, ou du fer homogène, avec les minerais communs, voilà, pour le moment, le grand désidératum de toutes les personnes qui travaillent le fer.

Les deux éléments qui nuisent le plus à la ténacité du fer, ou du moins ceux qui souillent le plus souvent les minerais communs, ce sont le phosphore et le soufre. Enlever ces deux substances, soit aux minerais, soit à la fonte, tel est le problème qu'il s'agit de résoudre.

Le soufre, on le sait, n'est pas en général difficile à éliminer; les meilleurs minerais de Suède sont pyriteux et donnent, malgré cela, d'excellents fers. Il suffit de les griller avec soin, puis de les traiter, au haut fourneau, avec excès de castine et, au besoin, avec addition de manganèse.

La difficulté est plus grande lorsqu'il s'agit d'enlever le phosphore. L'extraire du minerai même ne paraît pas impossible, théoriquement parlant, du moins dans le cas le plus fréquent où cet élément s'y trouve à l'état de phosphate de fer.

Le carbonate de soude décompose à la longue le phosphate ferreux. Mais si le procédé est possible en théorie, il me paraît difficile à pratiquer en grand. Les lixiviations prolongées d'aussi grandes masses, sans parler du prix du réactif lui-même, causeraient des embarras et des frais hors de proportion avec le bas prix actuel des fers. D'autre part, on ne connaît aucun réactif qui puisse empêcher, lors de la réduction des minerais, l'union du phosphore et du fer. On est donc amené à tenter la déphosphoration de la fonte elle-même. On y parvient partiellement, soit dans le puddlage, soit dans le mazéage, mais à la condition d'opérer toujours sous un bain de scories *basiques*. Dès que les scories renferment 40 p. 100 de silice, les bases ne retiennent plus l'acide phosphorique ; il se reforme sans cesse du phosphure de fer. C'est ce qui arrive dans la cornue Bessemer et dans le réverbère Martin, où les scories, grâce à la température élevée et aux parois argileuses des appareils, sont toujours extrasiliceuses. S'il n'en est pas ainsi au four à puddler et même dans le feu de finerie, il faut surtout l'attribuer aux parois *métalliques refroidies* de ces appareils qui permettent la formation de scories à la fois basiques et suroxydées. Au four à puddler, la déphosphoration est en outre facilitée par les garnitures de la sole et du cordon qui fournissent aux scories du peroxyde de fer. Dans le feu de finerie, l'action réductrice du coke est plus que compensée par la vive action du vent qui, non-seulement agit directement sur la fonte, mais encore suroxyde sans cesse le protoxyde de fer de la scorie, et la rend, par cette double action, plus ou moins basique. Cette influence des parois des fours sur la déphosphoration de la fonte, vient d'être confirmée de nouveau par des essais faits à Königshütte en Silésie. Un appareil Bessemer fut établi dans cette usine en 1865. On essaya d'y traiter les fontes du pays qui sont plus ou moins phosphoreuses. Le produit obtenu put se laminer, se marteler, se souder, mais il ne put résister à froid aux essais de rupture par le choc ; on dut renoncer à s'en servir pour bandages, essieux, etc. ; mais on reconnut qu'on eût pu en faire des rails (*). On chercha donc à se débarrasser du phosphore par un mazéage préalable ; on choisit pour cela le four à gaz bien connu de M. Eck. C'est, comme on sait, un four à réverbère à sole concave, chauffé au gaz et pourvu de tuyères qui projettent directement plusieurs jets de vent sur le bain de fonte. La fonte, soumise à l'essai, contenait un demi p. 100 de phosphore (0,00497). Un premier essai, pris immédiatement après la fusion proprement dite, donna 0,00514 de phosphore ; un second, pris à la suite de trois heures de finage, 0,00570. Comme dans l'appareil Bessemer, le phosphore se concentra donc en entier dans le métal finé, et cela en proportion du déchet causé par le mazéage. M. Wedding, qui rend compte de ces expériences, ne donne pas la composition de la scorie produite, mais il est évident qu'elle a dû être *siliceuse*, comme les scories que fournit le procédé Martin ; et l'on ne peut remédier à cet état de choses par des additions de fer oxydé, car, si la température est élevée, l'oxyde est rapidement réduit par la fonte, ou scorifié par les parois du four. La nature argilosiliceuse de la sole et des parois empêche complétement l'élimination du phosphore. C'est aussi, pour le rappeler en passant, le défaut capital des soles *en sable* des anciens fours à puddler.

Au mazéage on substitua alors le puddlage proprement dit, mais on eut le tort de puddler *chaud* (dans un four de fer à grains), au lieu d'appliquer le puddlage *sec*. Aussi le fer brut retint-il encore 0,001 de phosphore, ce qui est trop

---

(*) *Journal des mines de Prusse*, tome XIV, p. 155. — Mémoire sur la déphosphoration de la fonte, par M. le Dr Wedding.

pour du bon acier Bessemer. Le fer brut ainsi obtenu fut néanmoins refondu au cubilot, selon la méthode du Dr Parry, et le métal, recarburé par cette refonte, directement coulé dans la cornue Bessemer. L'opération ainsi conduite n'est pas impraticable; toutefois la fonte manque de silicium, et les frais sont trop élevés. Le procédé Parry n'est réellement possible, eu égard aux frais, que si le phosphore est éliminé par voie de *mazéage* ou de *finage*, ainsi que je le proposais dans mon mémoire sur l'acier, en 1867 (page 106); mais ce mazéage, comme je le disais alors, doit se faire *sous une couche de scories basiques.*

Notre savant maître, P. Berthier, a prouvé depuis longtemps que cette épuration est réalisée, *d'une façon au moins partielle*, dans le finage anglais (*Traité de la voie sèche*, tome II, p. 289. Analyse d'une scorie de finerie de Dudley), et le fait a été mis hors de doute, en 1833, aux forges de Decazeville, par M. Thomas, ancien élève de l'École des mines de Paris (*). Il est certain néanmoins qu'il vaudrait mieux encore tenter la déphosphoration dans un réverbère, hors du contact du combustible ; seulement il faudrait disposer ce réverbère à la façon des fours à puddler, avec une sole et des parois en fonte, convenablement refroidis et garnis d'oxyde de fer. C'est ce qu'a essayé tout récemment un maître de forges anglais, M. Samuelson de Bambury (brevet du 31 décembre 1868). Le four est muni d'une sole en fonte garnie de riblons. Pour faciliter la coulée du métal finé, la sole est rendue mobile; elle peut pivoter autour d'un axe horizontal et s'incliner vers les lingotières. La sole est renouvelée, ou du moins réparée, toutes les huit charges, par une addition de 50 kilogrammes de riblons neufs. La fonte, refondue au réverbère, ou amenée directement du haut-fourneau, est soumise à la réaction du fer oxydulé riche,

---

(*) Mémoire sur l'affinage de la fonte, par M. Thomas. *Annales des mines*, 3e série, tome III, p. 433 (1833).

employé seul, ou de concert avec une dose plus ou moins
forte de sel marin. Le métal, ainsi épuré, est ensuite puddlé
à la façon ordinaire, ou transformé en acier fondu dans un
réverbère Martin-Siemens. Le brevet affirme que 1.000 kilogrammes de fonte, affinée par 150 kilogrammes d'oxyde
magnétique, d'une teneur de 58 p. 100 de fer, donnent 965
à 1.025 kilogrammes de fine-métal ; que la teneur en phosphore, en traitant la fonte du Cleveland, est ramenée
de 0,012 à 0,004, et que le fer en barres, obtenu par
puddlage ordinaire de ce fine-métal, ne retient plus que
0,0010 de phosphore et 0,0005 de silicium. Ce résultat,
tout incomplet qu'il est, confirme cependant de nouveau
la possibilité d'une *déphosphoration au moins partielle*
par voie de finage, lorsque le four et le bain de scories
remplissent les conditions ci-dessus formulées. Mais, pour
arriver à une épuration plus avancée, il faut des réactifs
plus énergiques que l'oxyde de fer ; il faut de l'oxyde de
manganèse et des matières alcalines. On sait, au reste, que
ces réactifs furent essayés à diverses époques ; dans le mémoire ci-dessus cité de M. Thomas, il est question de chaux
et d'oxyde de manganèse, employés dans les fineries de la
forge de Decazeville. On constata dans ces essais que les
deux substances favorisent l'élimination du soufre, du
phosphore et du silicium ; mais rappelons à ce sujet que
si le phosphore a été enlevé d'une façon énergique, et si
les scories tenaient 4 et 5 p. 100 d'acide phosphorique,
c'est uniquement grâce à leur état basique. La proportion
de silice n'y était pas supérieure à 30 p. 100 ; c'est du
reste aussi la teneur en silice des scories phosphoreuses
de Duddley ci-dessus mentionnées d'après Berthier.

On connaît encore, comme agent épurateur, la poudre du
docteur Schafhaütl, de Münich, composée de sel marin et
de peroxyde de manganèse, et longtemps employée dans
le puddlage pour acier. Vers la même époque, dans mon
Cours lithographié de métallurgie de l'École des mineurs

de Saint-Étienne, 1841 (page 191), je proposai, pour l'épuration des fontes, l'emploi du tartre brut et des carbonates alcalins. Plus tard, MM. Fontaine et du Motay recommandaient, dans le même but, les hypochlorites (*). Mais tous ces réactifs sont difficiles à employer dans les fours à réverbère; leur légèreté relative et leur volatilité rendent la réaction très-imparfaite. Le contact entre ces matières et la fonte est purement superficiel, le brassage de l'ouvrier puddleur ne saurait y remédier d'une façon suffisante. Rendre ce contact plus intime, tel est le but qu'il s'agit de réaliser. Parmi les tentatives, faites en Angleterre dans cette voie, nous devons citer celles de M. Korshunoff, et plus particulièrement le procédé si simple de M Heaton. M. Korshunoff, jeune ingénieur russe établi à Birmingham, a pris en Angleterre un premier brevet le 26 septembre 1865, et un second le 10 novembre 1866. Il propose divers appareils qui ont tous pour but de faire réagir sur le fer ou la fonte plusieurs réactifs, les uns carburants, les autres oxydants, tels que les huiles minérales, les vapeurs nitreuses, quelques sels, l'acide chlorhydrique, etc. Mais ces appareils sont tous assez compliqués, et me semblent ne devoir remplir qu'imparfaitement le but proposé. Celui auquel M. Korshunoff paraît attacher le plus de prix est une sorte de cornue Bessemer, peu haute, disposée de façon à pouvoir fonctionner comme four de puddlage lorsqu'elle est couchée horizontalement. On commence le travail comme dans l'appareil Bessemer, sauf à ajouter, mêlés au vent, les divers réactifs, gazeux, liquides ou solides, que je viens de nommer; puis on achève le travail en soumettant le métal ainsi raffiné au puddlage ordinaire. Le produit serait, par suite, une *loupe* et non un *lingot;* c'est un pas rétrograde,

---

(*) En Angleterre, M. *Knowles* prit, en 1851, un brevet (n° 1921) pour l'emploi, dans le puddlage, de divers réactifs, tels que les nitrates, et plusieurs autres sels de soude, de chaux, etc.

lorsqu'on compare ce mode de travail aux procédés Bessemer et Martin; et, quant à l'épuration par les réactifs
chimiques, les mémoires ou brochures, publiées par l'inventeur, ne citent aucune expérience tendant à établir l'efficacité des moyens proposés.

Les brevets anglais de M. Heaton sont du 17 mars 1866
(n° 798) et du 3 mai 1867 (n° 1295). M. Heaton se sert
spécialement de nitrate de soude, sans exclure cependant
d'autres réactifs; mais ce qui caractérise spécialement le
procédé, c'est l'artifice ingénieux qui fait passer les éléments du nitrate, en jets minces, au travers de la fonte,
de façon à multiplier les points de contact.

On pourrait se demander si ce contact intime ne pourrait pas être réalisé aussi dans l'appareil Bessemer par voie
d'insufflation, puisqu'à Neuberg, en Styrie, on a pu in-
suffler avec succès du poussier de charbon (*). On pourrait,
en effet, injecter ainsi, comme le propose au reste M. Korshunoff, divers sels alcalins, tels que les nitrates, carbonates, etc.; et c'est là aussi le but d'un récent brevet de
M. Bessemer lui-même (pris le 31 décembre 1868). Mais
dans les conditions où fonctionne l'appareil Bessemer, je
crois pouvoir affirmer que l'épuration, au point de vue du
phosphore, serait tout à fait illusoire. La base alcaline s'em-
parerait de la silice, et laisserait libre l'acide phosphorique
qui serait de nouveau réduit par le fer; d'autre part, si,
pour y remédier, on augmentait la proportion de base,
pour ramener la scorie à 30 p. 100 de silice, on entamerait
infailliblement les parois de la cornue. A ces hautes températures, les garnitures réfractaires ne résistent pas à
l'action corrosive des scories basiques, les seules, je le répète, qui permettent l'expulsion efficace du phosphore sous
forme de phosphates.

(*) Voir la notice de M. Cléraut, dans le tome XV des *Annales
des Mines*, page 289.

PROCÉDÉ HEATON.

2. L'épuration de la fonte, par le procédé Heaton, est fondée sur la réaction, à la fois oxydante et basique, du nitrate de soude. L'acide nitrique oxyde de silicium, le phosphore, le soufre; la soude s'empare des acides ainsi formés, et les soustrait à l'action réductive du fer. Ces réactions sont connues, mais la difficulté, en opérant sur de grandes masses, est d'arriver à un contact assez intime de la fonte et du nitrate pour produire une épuration efficace, sans pourtant amener une action trop vive, qui pourrait occasionner de violentes explosions.

M. Heaton a essayé successivement diverses dispositions qu'il me paraît inutile de passer en revue. Il suffit d'indiquer celle à laquelle il s'est arrêté, et qui a le grand mérite d'être simple et peu coûteuse.

L'appareil se compose d'une cuve cylindrique à creuset mobile, sorte de cubilot sans tuyères, dans lequel on coule la fonte à épurer (Pl. I, *fig.* 5 à 9). En Angleterre on l'appelle *convertor*, comme la cornue Bessemer. Le creuset mobile est un chaudron cylindrique en tôle, pourvu de deux tourillons, qui permettent de le saisir à l'aide d'un levier fourchu, porté sur deux roues; on peut ainsi, pour chaque opération, l'enlever et le remettre en place à volonté. L'intérieur du chaudron est garni de briques, ou de pisé réfractaire, disposé en forme de bassin hémisphérique. Le creuset et la cuve, pourvus de brides, peuvent être assemblés pour chaque opération, à l'aide de crampons et de cales en fer; la cuve elle-même est revêtue de briques et surmontée d'une cheminée comme un cubilot. Au haut de la cheminée se trouve un chapeau en tôle, destiné à rabattre les matières incandescentes, qui pourraient être projetées par le fait de la déflagration trop vive du réactif nitreux. La fonte est versée dans la cuve par une sorte de bec ou de tubulure latérale, que l'on peut fermer à volonté au moyen d'un clapet en tôle ou d'une simple brique. Les dimensions varient avec le poids de fonte que l'on se propose de traiter par opération; l'usine de Langley-Mill renferme quatre *convertors*, deux petits et deux grands. Les premiers reçoivent des charges de 7 à 800 kilogrammes; les grands, un poids double. Mais ce n'est pas là une limite supérieure, on peut les agrandir à volonté comme les cornues Bessemer, et, comme dans ces dernières, à cause de la chaleur absorbée par les parois de l'appareil, l'opération, entre certaines limites, est d'autant plus régulière que la masse de fonte est plus forte; l'opération réussit cependant encore avec des appareils dont la charge n'est que de 100 kilogrammes. Les convertors pour 7 à 800 kilogrammes ont un diamètre intérieur de 0^m,75 et un creuset dont la profondeur est de 0^m,30 à 0^m,35. La distance de la tubulure de coulée au fond du creuset est de 1^m,30 et celle de cette même tubulure au sommet de la cuve, de 0^m,90. Au-dessus vient une simple gaîne en tôle, légèrement conique, dont la hauteur dépend de celle de la toiture de l'usine.

Les grands appareils pour 1.500 kilogrammes ont une cuve dont le diamètre intérieur mesure 1 mètre, et la hauteur, depuis la tubulure de coulée au fond du creuset, 1^m,90 à 2 mètres.

La fonte que l'on veut épurer peut être prise directement au haut fourneau, et en réalité on devrait toujours opérer ainsi, à moins d'adopter la modification dont je parlerai vers la fin de ce mémoire. C'est le cas de l'usine de Stanton, située entre Langley-Mill et Trent, sur le chemin de fer de l'Erewash-Valley; tandis qu'à Langley-Mill même, où il n'y a pas de haut fourneau, on refond la fonte dans un cubilot ordinaire(*). Mais cet établissement est une simple usine d'essai, qui ne peut servir de modèle comme installation.

(*) M. Heaton a fait construire, pour ses deux grands conver-

L'invention de M. Heaton consiste surtout dans la disposition spéciale de la boîte à nitrate. Pour que ce sel ne soit attaqué par la fonte en fusion que d'une façon *graduelle*, il faut qu'il soit fortement comprimé dans le creuset mobile et, en outre, protégé par une cloison perforée. Si le jet de fonte tombait directement sur le nitrate, elle l'entamerait immédiatement dans toute son épaisseur; l'action serait des plus vives au premier instant, et bientôt le sel alcalin surnagerait sans réagir efficacement sur les divers parties du métal à épurer. Pour éviter cela, on place, dans le creuset, sur le nitrate tassé, la cloison perforée dont je viens de parler; c'est une plaque mince de fonte ou de tôle, percée d'un très-grand nombre de trous de 0,010 à 0,015 de diamètre. M. Heaton se sert habituellement d'une plaque en fonte de 0^m,020 à 0^m,025 d'épaisseur, mais une feuille de tôle de quelques millimètres me semble plus commode et réussit mieux dans le petit appareil d'essai pour 100 kilogrammes que M. Sharpe vient de faire établir à la Villette (Paris). Pour empêcher l'irruption trop vive de la fonte, on assujettit le disque perforé au moyen de cales en fer ou en briques. On place ces cales entre la plaque et deux barres de fer plat, posées en travers sur le haut du creuset et pincées entre la bride saillante de ce dernier et la cuve. En outre, pour éviter toute fuite, on garnit le joint, entre le creuset et la cuve, au moyen de sable argileux légèrement humecté; enfin on place, pour relier le tout, les crampons et les cales.

Lorsque l'appareil est ainsi disposé, il est prêt à recevoir la fonte qu'il s'agit d'épurer.

Ayant assisté à une douzaine d'opérations, je vais en in-

---

tors, un cubilot spécial dans lequel le vent est amené par simple *aspiration* comme dans les fours de *Gran-tiro* d'Espagne. La fusion paraît se faire facilement, mais sous le rapport du déchet et de la consommation, ce mode de fusion doit, ce me semble, laisser à désirer.

diquer d'abord la marche générale; je ferai connaître ensuite les résultats fournis par les fontes de la Moselle; puis
je citerai les analyses qui permettent d'apprécier le degré
d'épuration qu'il est possible de réaliser à l'aide de ce procédé (*).

3. Le réactif dont se sert M. Heaton est essentiellement
le nitrate de soude du Pérou, mais il y ajoute habituellement une certaine proportion de sable quartzeux, et
parfois aussi de la chaux, du peroxyde de manganèse,
du spath fluor, etc. Nous verrons que le plus souvent le
sable quartzeux et la chaux sont plus nuisibles qu'utiles,
mais que l'on peut, avec avantage, associer au nitrate du
peroxyde de manganèse, du carbonate de soude, du sel
marin, etc. M. Heaton a, du reste, reconnu lui-même les
inconvénients de la chaux; il se contente maintenant en
général de 6 à 12 parties de nitrate par 100 de fonte et de
1 à 1 1/2 p. 100 de sable quartzeux. Les deux matières sont
intimement mélangées, puis fortement tassées dans le
creuset froid préalablement desséché.

Le nitrate est employé tel qu'on le rencontre dans le
commerce; il renferme 5 à 6 p. 100 d'eau et 3 à 4 p. 100
de matières étrangères. Un échantillon que j'ai rapporté de
Langley-Mill a donné, au laboratoire de l'École des mines :

Eau.	5,88
Sable.	0,28
Sulfate de chaux.	0,22
Chlorure de sodium.	2,73
Nitrate de soude pur.	90,89
	100,00

(*) J'ai visité l'usine de Langley-Mill, en décembre 1868, en société de M. Sharpe, ingénieur anglais, représentant de M. Heaton
en France, de M. le baron d'Adelswärd fils et de M. Thièblemont,
ce dernier ingénieur de la maison de Wendel. Nous nous rendîmes
tous quatre à Langley-Mill, spécialement en vue des essais auxquels on devait soumettre les fontes de la Moselle.

On y a cherché l'acide phosphorique ; il en contient de simples traces. D'après cela, 100 de nitrate brut renferment 33,27 de soude, ou plutôt 34,7, si l'on y comprend celle qui s'y trouve à l'état de chlorure de sodium.

La fonte à épurer est percée, du haut fourneau ou du cubilot, dans un chaudron de coulée de capacité connue, donnant le poids sur lequel on opère. A l'aide d'une grue, ou d'un chemin de fer suspendu, on amène le chaudron sur la tubulure de coulée, et verse la fonte, par cette ouverture, dans le convertor. Si celle-ci est chaude et fluide, la réaction commence aussitôt. La plaque perforée laisse passer la fonte, le nitrate est graduellement attaqué ; les gaz oxydants, mêlés de filets de soude, s'élèvent au travers du bain de fonte, et déterminent ainsi une ébullition plus ou moins vive qui va parfois jusqu'à faire trembler l'appareil, et se manifeste en tout cas par un bruit pareil à celui d'une cornue Bessemer de faibles dimensions.

Pendant toute la durée de l'opération, des vapeurs denses se dégagent en abondance par le haut de la cheminée. A l'origine elles sont blanches, puis jaune orange ou grises, selon les fontes, et finalement presque noires. A ce moment, si l'opération est un peu vive, les vapeurs s'enflamment au haut de la cheminée et y brûlent pendant quelques instants, avec une flamme jaune des plus intenses (*). Lorsque la réaction est moins vive, les gaz ne brûlent qu'à l'intérieur : alors des jets de flamme s'échappent assez souvent avec force par les joints de la tubulure de coulée. Lorsque la réaction est plus vive encore, ou lorsque la fonte n'est pas assez fluide, il peut aussi se produire, comme dans l'appareil Bessemer, quelques projections ; ce sont des scories rouges et des jets de fonte, accompagnés d'étincelles, mais

----

(*) Les gaz s'enflamment presque toujours à Langley-Mill, tandis que dans le petit appareil de la Villette, la chaleur n'est pas assez vive au haut de la cheminée pour que les vapeurs puissent y brûler.

il n'y a jamais de détonations proprement dites. Dans certaines opérations, la marche est d'abord languissante; l'attaque semble presque nulle, puis tout à coup la réaction se manifeste avec force; il y a combustion et projections vives. Cette allure par soubresauts provient, sans nul doute, de ce que la plaque perforée éclate ou se fend sous l'action de la chaleur et laisse alors passer la fonte avec trop de violence. Cet accident se manifeste, en effet, lorsque la plaque est mal assujettie ou formée de fonte par trop cassante. Sous ce rapport, une feuille de tôle de 3 à 4 millimètres est certainement préférable à une plaque en fonte (*).

La durée entière de l'opération varie de deux minutes et demie à cinq. Il en est cependant qui vont à huit ou dix minutes, lorsque la fonte est très-peu chaude et ne peut franchir la plaque perforée dès le début de l'opération. La période de flamme vive, au haut de la cheminée, dure au maximum une à deux minutes. Dès que la flamme a disparu, les vapeurs s'éclaircissent et passent rapidement du noir au gris clair, puis au blanc. On peut alors ouvrir la trappe qui ferme la tubulure, et l'on peut observer sans danger le métal, en ébullition faible, au fond de l'appareil. Il en sort des jets de flamme jaune, et l'on peut constater avec un ringard le degré de chaleur et de fluidité du produit affiné. Ces deux éléments, la chaleur et la fluidité, varient surtout avec la nature chimique de la fonte. Nous verrons que les fontes siliceuses développent en s'affinant, comme dans l'appareil Bessemer, une chaleur très-grande. En tout cas, lorsqu'on opère sur des charges de plus de 500 kilogrammes, le métal épuré semble assez fluide pour être coulé en gueusets ou lingots, si le creuset du convertor était pourvu d'un trou de percée. Cela ne

---

(*) Dans le petit appareil de la Vilette, où l'on opère sur 100 kilogrammes, la fonte tend à se figer dans les trous de la plaque, lorsque celle-ci n'est pas en tôle mince.

se fait pas à Langley-Mill, et au fond il n'y aurait aucun profit à le faire, car le lingot serait entièrement boursouflé, à cause des gaz qui persistent à se dégager en abondance tant que le métal est encore pâteux ; mais ce point n'en est pas moins important à noter, car il permettrait d'amener directement le métal épuré dans un autre four pour en achever l'affinage.

A Langley-Mill, on laisse le métal se figer dans le creuset même. Lorsque le bouillonnement a sensiblement diminué et que la masse commence à s'épaissir on enlève les crampons, retire le creuset de dessous la cuve, à l'aide du chariot à deux roues ci-dessus mentionné, et dès que le métal est complétement figé, on renverse le tout sens dessus dessous sur le sol dallé de l'usine. Avec des crochets, on sépare la scorie du métal figé et concasse ce dernier à coups de maillet. A ce moment même on voit encore se dégager de la masse incandescente d'abondantes flammèches jaunes.

Après refroidissement complet, le métal épuré est plus ou moins tenace ou aigre, selon les proportions de nitrate employés et la nature primitive de la fonte. La masse est boursouflée comme une éponge grossière ; elle ressemble au fer à demi affiné que l'on soulève du fond d'un foyer comtois, à l'origine de la deuxième période, pour être soumis au *travail* proprement dit. Dans les cassures fraîches, le métal est blanc, semi-cristallin, ou plus ou moins grenu, selon le degré de décarburation ; les bulles sont parfois irisées ou même tapissées d'une croûte noire quelque peu scoriacée. En tout cas, comme le prouvent le grain et surtout les analyses, la masse est loin d'être homogène ; certaines parties sont presque du fer ou de l'acier sauvage, le *Wildstahl* des Allemands, qui peut se marteler, tandis que d'autres se rapprochent davantage de la fonte à demi affinée ou du fine-métal plus ou moins décarburé. C'est la matière que M. Heaton appelle acier brut (*crude steel*).

Les scories varient aussi de nature avec les fontes. Lorsque ces dernières contiennent du silicium à proportion élevée, la scorie coule et se file comme du verre ; elle est à cassure conchoïde, noire en masse, transparente et d'un beau vert de bouteille en éclats minces. Par contre, lorsque la fonte fournit peu de silice, la scorie est courte, et se fige vite comme tous les silicates basiques. Après refroidissement c'est une masse opaque, terne, d'un brun noir ou brun vert foncé, à surface mamelonnée inégale et à cassure rude, quelque peu bulleuse à l'intérieur. Dans les deux cas, la scorie est criblée de globules métalliques, et produit sur la langue l'impression bien connue des lessives alcalines. L'eau les attaque et les dissout partiellement.

4. La fonte raffinée (*crude steel*) est traitée à Langley-Mill de deux façons différentes : on en fait du *fer doux* ou de l'*acier*. Dans le premier cas, on en charge quelques cents livres dans un four de puddlage, dont on a surélevé la sole en vue d'une simple chaude soudante. A cet effet, on couvre la sole du four, sur $0^m,15$ à $0^m,20$ de hauteur, d'un mélange, par parties égales, de sable et de scories de forge fortement battu, et l'on garnit les côtés d'un cordon ordinaire d'hématite rouge du Cumberland. Une charge de 700 lb (315 kilog.), rapidement chauffée, est presque immédiatement soudée en balles, puis cinglée en massiaux sous le marteau-pilon. C'est une sorte de puddlage rapide, réduit à la période de la formation des loupes. Les scories que renferme le métal brut s'écoulent par liquation et l'affinage s'achève par le simple fait de la chaude soudante. La chaude proprement dite ne dure qu'une demi-heure ; mais comme on reporte chaque massiau pour quelques minutes au four, afin de lui faire subir une sorte de ballage avant de l'étirer en barres marchandes, l'opération entière exige en réalité plus d'une heure. Grâce à ce ballage, on peut supprimer le corroyage proprement dit ; mais lorsqu'on veut obtenir du fer supérieur, on étire de suite les massiaux pilonnés en barres plates, brutes, sans les re-

porter au four, puis on cisaille, paquette, corroie et lamine comme à l'ordinaire. Le déchet total est de 25 à 3o p. 100 dans ce dernier cas; de 20 à 25 p. 100 dans le premier. Le fer est tenace et nerveux lorsqu'il est corroyé; peu homogène, moitié à nerfs, moitié à facettes lorsqu'il a été soumis au simple ballage (*). M. Heaton appelle ce fer du *steel-iron* (acier ferreux); mais au fond c'est du fer doux ordinaire qui, le plus souvent, est fort peu aciéreux. En tout cas, pour obtenir du fer doux plus ou moins tenace, ce mode de traitement est certainement trop coûteux. L'épuration par le nitrate n'est possible, au point de vue économique, que si le métal brut est transformé *en fer homogène* ou *acier fondu,* et non *en fer à loupes.* C'est le second mode de traitement suivi à Langley-Mill.

5. Le produit brut, venant du Convertor, est, comme je l'ai dit, de l'acier sauvage, tenant encore 1 à 2 p. 100 de carbone. Pour le transformer en acier fondu, ou fer homogène, il faut achever l'affinage et enlever du même coup l'excès de carbone. Pour cela, on peut se servir de creusets ou du four à reverbère. Jusqu'à présent on s'est contenté, à Langley-Mill, de la fusion au creuset, parce qu'il fallait étudier avant tout la nature des produits. Mais ce procédé est fort dispendieux; aussi M. Heaton se proposa-t-il, dès l'origine, d'opérer la fusion par grandes masses dans un réverbère. Dans ce but, il avait fait construire un four spécial, à deux chauffes, qui fut mis en feu à l'époque de notre visite des lieux, en décembre dernier. La chaleur développée était plus que suffisante pour la fusion du métal, mais l'air, admis en excès, scorifiait le fer. On réussirait mieux avec le four du commandant Alexandre (**), et en tout cas avec le reverbère Siemens,

---

(*) J'entends par *fer à facettes* du fer à cassure *lamelleuse* que l'on confond trop souvent avec le véritable fer *à grains.* Ce dernier est du fer aciéreux; le premier, du fer mal épuré, presque toujours quelque peu cassant.

(**) *De l'acier et de sa fabrication* (p. 74).

dont se sert M. Martin de Sireuil, et dont nous donnons ci-joint le plan (Pl. III.). A Langley-Mill, la fusion se fait donc, jusqu'à présent, dans de simples fours à vent, pareils à ceux que l'on emploie à Sheffield. Chaque four reçoit deux creusets, tenant ensemble 40 à 45 kil. Pour pouvoir les charger plus commodément et apprécier mieux, en vue des mélanges à faire, la qualité du métal raffiné, on transforme ce dernier en disques plats de $0^m,010$ à $0^m,015$ d'épaisseur, que l'on concasse à froid en fragments de quelques centimètres quarrés, pareils aux morceaux d'acier cémenté dont on remplit les creusets dans les fonderies. On prépare ces disques (*cakes*) en portant le métal brut au rouge dans un reverbère ordinaire et le soumettant, en cet état, à l'action du marteau-pilon.

Comme l'acier brut renferme un excès de carbone, et qu'il importe surtout de préparer du fer homogène ou de l'acier peu dur, on mélange aux *cakes* des morceaux de fer doux. On prend, à cet effet, les bouts de barres provenant du ballage dont je viens de parler, ou tout autre fer de bonne qualité que l'on a sous la main. L'acier fondu s'obtient donc ici, en définitive, par voie *de réaction*, en mêlant à la fonte raffinée une certaine proportion de fer doux. L'affinage ne peut s'achever, dans les creusets, à l'abri de l'air, que par les éléments que le métal brut renferme en lui-même, ou que l'on ajoute à la charge. Il faut surtout citer ici le sodium, qui existe toujours en faible proportion dans la fonte épurée du convertor Heaton, et le manganèse métallique que l'on mêle assez souvent, en faible dose, à la charge des creusets, sous forme de fonte spéculaire. En sus de ces corps, on dispose au réverbère de l'action de l'air, en sorte que ce four a sur les creusets le double avantage de l'économie et de l'affinage plus complet du métal brut. Mais, pour le moment, nous n'avons à nous occuper que de la fusion au creuset. Cette opération se pratique, du reste, à la façon ordinaire ; puis vient le

2

martelage et l'étirage des lingots, qui n'offrent également
rien de spécial, en sorte que je puis passer immédiatement
à l'examen plus détaillé des opérations faites, à Langley-
Mill, sous mes yeux.

I. — DÉPHOSPHORATION DES FONTES.

6. Les fontes essayées proviennent, les unes, des hauts
fourneaux de Hayanges (Moselle) appartenant à M. de
Wendel, les autres, des hauts fourneaux du Prieuré de
M. le baron d'Adelswärd, près de Longwy, dans le même
département. Dans les deux usines on traite exclusivement les minerais oolitiques bien connus du lias supérieur
de cette partie de la France. On y marche au coke, à
l'air chaud, et à haute production. Mais les fontes envoyées
à Langley-Mill, de ces deux usines, provenaient d'allures
tout à fait différentes. Celle de Hayanges était une fonte
de moulage très-chaude, grise, à gros grains, très-graphi-
teuse. Dans la classification anglaise en six numéros, elle
occuperait le n° 2, ou mieux encore le n° 1 à 2. La fonte
du Prieuré était blanche rayonnée, avec légère tendance
au truité; c'est une fonte de forge qui peut être classée
sous le n° 5. Elle avait été coulée en coquille et aspergée
d'eau.

Les deux fontes furent refondues séparément dans un
cubilot ordinaire, avec addition de 1/2 p. 100 de spath-
fluor, pour mieux scorifier les cendres du coke. Au moment
de la coulée dans le convertor, on prit des barres d'essai
en vue des analyses à faire. Voici les résultats que donnè-
rent ces analyses:

	FONTE GRISE de Hayanges refondue.	FONTE BRUTE, blanche lamelleuse de Longwy.	FONTE REFONDUE, blanche fibreuse de Longwy.
	p. 100.	p. 100.	p. 100.
Silicium.	3,024	1,050	1,015
Soufre.	0,090	0,350	0,333
Phosphore.	1,275	1,650	1,485

Je n'ai pas recherché les autres éléments, mais j'ai constaté dans les trois échantillons la présence du manganèse et même une proportion assez notable de vanadium. On voit, par les deux analyses de la fonte de Longwy, que la refonte au cubilot n'a pas sensiblement modifié la composition du métal, mais il y a pourtant une légère épuration.

7. *Essais sur la fonte de Longwy.* — Pour chaque opération on chargeait le cubilot de 14 1/2 quintaux de fonte de 112 lb, soit 1,624 lb anglaises ou 735 kil. La fonte refondue n'a pu être pesée avant son introduction dans le convertor, mais on peut admettre au cubilot un déchet de 7 p. 100 (par scorification, grenailles, coulures et carcasses perdues), ce qui réduit la charge du convertor à 684 kil. ou même à 665$^{kil.}$,75 si l'on défalque le quart du résidu trouvé dans le cubilot à la suite de quatre opérations pareilles.

A ces 665$^{kil.}$,75, il faut ajouter la plaque perforée qui pèse 120 lb (*) et les deux barres de fer du poids de 12 lb, soit ensemble 132 lb ou 60 kil. Le poids total, soumis à l'expérience, était, par suite, de 725$^{kil.}$,75 dont 720$^{kil.}$,30 de fonte et 5$^{kil.}$,45 de fer.

On fit d'abord quatre opérations successives sur la fonte de Longwy. Le poids du métal à épurer fut chaque fois,

---

(*) La plaque perforée avait été préparée avec de la fonte de *Clay-Lane* (Cleveland), dont la composition est à peu près celle de la fonte grise de Hayanges, d'après les analyses publiées en Angleterre.

comme je viens de le dire, de $725^{kil.},75$, mais on modifia les doses de nitrate.

Je vais indiquer, pour chacune d'elles, les proportions chargées et les phénomènes spéciaux qu'offrit la marche de chaque opération.

Première opération. — La charge du creuset fut de :

Nitrate de soude 150 lb on 68^k, soit environ 9 1/2 p. 100 du poids de la fonte.

Sable quartzeux. . . . . 20 lb ou 9 kil.

La fonte coule chaude dans le convertor ; aussi la réaction est-elle immédiatement très-vive. Presque dès l'origine, les gaz brûlent au haut de la cheminée. La flamme jaune dure deux minutes, puis apparaît la fumée noire qui s'affaiblit graduellement, ainsi que l'énergie du bouillonnement. En quatre minutes tout est terminé. Le gaz nitreux est peu apparent, il semble voilé par les vapeurs noires et la flamme vive du sodium. En moins d'un quart d'heure, le métal épuré se fige dans le creuset ; on le renverse sur le sol et on sépare les scories pâteuses qui sont opaques et ternes. On n'en peut isoler que 56 lb (25 kil.), tandis que le métal raffiné pèse 639 kil., ce qui, comparé aux $725^{kil.},75$, correspondrait à un déchet total de 12 p. 100 ; mais, en réalité, il est moindre, car il faudrait ajouter au métal pesé les plaquettes métalliques, projetées par l'ébullition contre les parois de l'appareil, et que l'on n'en détache que tous les deux ou trois jours. En en tenant compte, le déchet réel se réduit à 7 ou 8 p. 100 ; mais, pour le connaître exactement, il faudrait prendre la moyenne de plusieurs opérations. En tous cas, l'analyse des scories prouve que le fer est très-peu oxydé.

Deuxième opération. — La charge du creuset fut de :

Nitrate de soude. . . . . . 138 lb ou 62^k,5, soit 8 1/2 p. 100
Sable quartzeux. . . . . . 20 lb ou 9^k.

La fonte est peu chaude, la réaction languissante. Les gaz ne s'enflamment pas au haut de la cheminée. Les vapeurs, d'abord blanches, puis grises, enfin noires, redeviennent blanches vers la fin. L'opération entière dure quatre minutes et demie. Malgré cela, le produit raffiné semble aussi fluide que la première fois et a le même aspect. Il n'a pas été pesé. La scorie est également pareille à celle de la première opération. Elle pesait 51 lb, ou 23 kil.

Troisième opération. — La charge du creuset fut de :

Nitrate de soude. . . . . . . 13o lb ou 59^k, soit 8 p. 100
Sable quartzeux. . . . . 20 lb ou 9^k.

La fonte est très-peu chaude. Pendant cinq minutes la réaction est nulle. La fonte a dû se figer dans les trous de la plaque perforée. Pour déterminer la réaction, il a fallu briser la plaque à coups de ringard, par la tubulure de coulée. Même alors la réaction fut lente, car elle dura six minutes, soit onze en tout à partir du moment de la coulée. Les vapeurs furent surtout noires; on ne vit au haut de la cheminée ni flamme ni gaz nitreux. La chaleur développée fut cependant assez grande pour maintenir le métal entièrement fluide. Finalement l'opération réussit comme les précédentes, mais on ne peut se dissimuler que l'homogénéité du produit ne doive souffrir du manque de chaleur initiale. Le métal et la scorie ressemblent aux produits des opérations précédentes. Celle-ci pesait 77 lb. ou 35 kil. Le métal lui-même n'a pas été pesé.

Quatrième opération. — La charge du creuset fut de :

Nitrate de soude. . . . 113 1/2 lb ou 51^k,4o, soit environ 7 p. 100
Sable quartzeux. . . . 16 lb ou 7^k,25.

La fonte était chaude. La flamme a paru dans le bas de l'appareil dès le commencement, et, au haut de la cheminée, vers la fin de la deuxième minute. L'opération entière n'a duré que trois minutes. Comme dans les essais précédents, les vapeurs sont peu nitreuses, et surtout noires tant que la flamme ne se montre pas. M. Heaton considérait comme normale la marche de cette dernière opération. Le métal et les scories ressemblent encore aux produits des opérations précédentes. L'épuration est cependant moins complète; pourtant le métal peut encore s'aplatir, au rouge sombre, sous le marteau, sans se briser. L'eau jetée sur le métal incandescent provoque l'odeur de l'hydrogène sulfuré. Comme le déchet ne peut se déduire d'une opération isolée, on renonça au pesage du métal et de la scorie.

8. *Essais sur la fonte de Hayanges.* — La fonte de Hayanges fut traitée comme celle de Longwy, si ce n'est que l'on força la dose de nitrate. On a aussi augmenté la proportion de sable, tandis qu'en réalité, comme nous le verrons, on aurait dû le supprimer entièrement, à cause des 3 p. 100 de silicium que contient la fonte. Cette teneur élevée en silicium se manifeste par une action plus vive et un métal plus chaud. L'ébullition et les projections sont plus fortes. Le gaz rouge nitreux n'est plus ici voilé par la fumée noire. La scorie est plus abondante et plus siliceuse, et, par cela même, moins riche en acide phosphorique. L'épuration est moins parfaite, et l'on voit déja que la déphosphoration est, en général, d'autant moins complète que les fontes sont plus siliceuses; ou du moins il faudrait, pour atteindre le même résultat, une proportion bien plus forte de sel alcalin.

Pour calculer le métal sur lequel on a opéré, je supposerai, comme ci-dessus, un déchet de refonte de 7 p. 100; et du chiffre restant, il faut encore retrancher ce qui est demeuré dans le cubilot lui-même à la fin de la journée; c'est 72 lb par opération.

Cinquième opération. — La charge du cubilot fut de : 1.626 lb. soit 736^k,6; ce qui donne 685 kilogrammes, dé-

falcation faite des 7 p. 100. Il faut de plus en déduire les
72 lb ou 32^k,6 trouvés dans le cubilot.

<pre>
Il reste donc. . . . . . . 652^k,4, auxquels il faut ajouter,
Pour la plaque perforée.   54^k,4
Soit en fonte. . . . . . . 706^k,8
Et pour les barres de fer.   5^k,4
        Total. . . . . . . 712^k,3
</pre>

Le creuset reçut pour cette première opération :

<pre>
Nitrate de soude. . . . . 148 lb ou 67^k,   soit 9,4 p. 100
Sable quartzeux. . . . . 23 lb ou 10^k,4.
</pre>

La fonte coule chaude dans le convertor ; aussi la réaction se produit-elle de suite. On voit apparaître d'abondantes vapeur jaunes. Au bout d'une minute, les fumées
passent au noir ; trente secondes après, celles-ci s'enflamment : la lumière est vive, d'un jaune éclatant, le bruit intense. Cela dure trente secondes, puis la flamme s'éteint,
les vapeurs passent au blanc, et s'affaiblissent rapidement.
En deux minutes tout est terminé.

La masse métallique fut extrêmement chaude et fluide.
Le creuset ne fut détaché que trente minutes après la coulée, et pourtant scorie et métal étaient encore fluides à ce
moment. La scorie pouvait s'étirer comme du verre et don-
nait de minces fils d'un beau vert d'émeraude ; du métal
se dégageait avec des jets de flamme jaune, de fines étincelles de fer en combustion, pareilles à celles que fournit
l'acier fondu au moment de la coulée. Le métal raffiné n'est
complétement figé qu'une heure après la coulée de la fonte
dans le convertor. Grâce à la chaleur développée, les deux
barres de fer de la plaque perforée avaient entièrement
disparu, tandis que dans les quatre essais de la fonte de
Longwy, on a toujours retrouvé une partie au moins de
ces fers, simplement empâtés au milieu du magma raffiné.
Cette première opération a donné :

Métal raffiné. . . . . 1.348 lb
Plaquettes projetées contre les
    parois du Convertor (*). . . 80

        Total. . . . . 1.428 lb. soit 647 kil.
   Le déchet est par suite de. . . . . 65^k,2
Soit 1,9 p. 100 de la fonte soumise à l'action du nitre.

Les scories pèsent 253 lb, soit 114^k,6. Elles sont vitreuses, à cassure conchoïde, noires en masse, d'un beau vert sombre en éclats minces. On y voit des grenailles métalliques. Le métal raffiné est bulleux, blanc argentin, comme à l'ordinaire ; mais sa dureté et son aspect cristallin dénotaient, comme l'analyse l'a confirmé depuis, une dose insuffisante de l'agent oxydant. C'est le motif qui a fait augmenter la proportion de nitrate dans les essais suivants :

Sixième opération. — Le convertor reçut en :

    Fonte refondue. . . . . . . 1.438 lb
    Plaque perforée. . . . . . 120 lb

    Soit en fonte. . . . . . . 1.558 lb ou 705^k,7
    Barres de fer. . . . . . . 12 lb ou 5 ,4

       Total. . . . . 1570 lb. ou 711^k,1

La charge du creuset fut de :

Nitrate de soude. . . . . . 170 lb ou 77^k, soit 10,8 p. 100
Sable quartzeux. . . . . . 20 lb ou 9.

La fonte fut peu chaude au sortir du cubilot, à cause d'un dérangement du ventilateur soufflant. L'action est presque nulle à l'origine ; il se dégage à peine quelques vapeurs blanches, provenant sans doute de l'eau du nitrate. Au bout d'une minute trois quarts, on voit cependant de

---

(*) C'est le tiers de ce que l'on trouve en nettoyant le convertor après les trois premières opérations faites sur la fonte de Hayanges.

faibles vapeurs nitreuses. A deux minutes trois quarts, les gaz brûlent dans l'appareil même, mais les flammes n'atteignent pas le haut de la cheminée, les vapeurs nitreuses persistent sur ce point. A trois minutes un quart, ces vapeurs jaunes sont plus fortes encore ; il y a bruit intense. A quatre minutes un quart, les scories sont en partie projetées par l'orifice de coulée ; il y a ébullition vive. La flamme s'éteint dans l'appareil, et au même moment les fumées passent du jaune au noir. A quatre minutes trois quarts, les vapeurs s'éclaircissent, puis deviennent blanches. A cinq minutes, tout est terminé. En résumé, malgré la lenteur relative de l'opération, la chaleur développée paraît aussi forte que dans le premier essai. Le métal est chaud ; il faut une heure pour figer la masse, et, comme toujours, on voit s'en dégager des flammèches jaunes. Les scories filent et ressemblent de tous points à celles de l'opération précédente. Elles pèsent 255 lb ou 115^k,5.

<pre>
Le poids du métal raffiné est de. . . .   1.473 lb
Celui des plaquettes attachées aux pa-
    rois de l'appareil.   80
                                          ____
       Total. . . . .   1.553 ou 705^k,5
Le déchet ne serait donc que de. . . . . . .   7 ,6
</pre>

Soit moins de 1,1 p. 100, ce qui évidemment ne saurait être exact. Il faut que les plaquettes, figées contre les parois de l'appareil, ne se soient pas réparties également entre les trois opérations, ou que le chaudron de coulée se soit trouvé plus rempli que de coutume. Le déchet réel, comme je l'ai déjà dit, ne peut se déduire que de la moyenne de plusieurs opérations et de la nature chimique des scories.

Septième opération. — La charge se compose, comme dans le précédent essai,

<pre>
En fonte de. . . . .   705^k,7
En fer de. . . . .   5 ,4
                                        ____
       Total. . . . .   711^k,1
</pre>

Le creuset reçut :

Nitrate de soude. . . . . .   200 lb ou 96^k,6, soit 12, 7 p. 100
Sable quartzeux. . . . . .   24 lb ou 10^k,9,

La fonte est plus chaude que dans la deuxième opération, mais pas autant que dans la première.

Voici la succession des phénomènes observés.

D'abondantes vapeurs nitreuses apparaissent dès le début, puis faiblissent un instant ; mais, au bout d'une minute un quart, vif dégagement de gaz jaunes et fortes projections de scories et de métal par la tubulure de coulée. A deux minutes un quart, les gaz brûlent au haut de la cheminée ; la flamme dure une demi-minute ; vers la fin de la troisième minute tout est terminé. Le métal est très-chaud, très-fluide, les scories pareilles aux précédentes ; elles pèsent 210 lb ou 95 kilogrammes. Le métal raffiné n'a pu être pesé.

Huitième opération. — Les conditions de charge sont les mêmes que dans l'essai précédent, à savoir :

Fonte et fer. . . . .   711^k,1
Nitrate de soude. . . . .   90 ,6
Sable quartzeux. . . . .   10 ,9

La fonte est moyennement chaude au moment de la coulée. La marche de l'opération diffère peu de celle de la première. Il se dégage immédiatement des vapeurs nitreuses, quoique un peu faibles au premier instant. Vers la fin de la première minute, les gaz brûlent partiellement à l'intérieur, il se produit quelques projections, et bientôt la fumée passe au noir. Vers une minute et demie la fumée s'enflamme au haut de la cheminée, et peu après bruit assourdissant, projections abondantes, panache lumineux extrêmement vif au sommet de l'appareil. A deux minutes et demie tout est fini. Il ne se dégage plus, comme à l'ordinaire, qu'une faible vapeur blanche.

Le métal reste longtemps fluide ; il l'est encore au bout de quarante minutes, au moment où l'on détache le creuset de la cuve, et l'on ne peut le renverser figé sur le sol de l'usine qu'une heure après le moment de la coulée.

Le métal raffiné pèse. . . . . . 1.458 lb ou 660 kil.
Les scories. . . . . 252 lb ou 123 kil.

D'après cela, le déchet serait de 61 kil. soit 7,2 p. 100. Le métal et les scories ressemblent aux produits des opérations précédentes.

Nous ne pouvons calculer le déchet moyen des quatre opérations, puisque le poids du métal raffiné de la troisième opération nous manque. Mais en prenant le poids des deux premières et de la quatrième, nous trouvons :

Fonte traitée. . . . . 2.134^k
Métal raffiné produit. . . . . 2.010 ,5
Déchet. . . . . 124^k,5, soit 6 p. 100

Ce qui, comme nous le verrons, s'accorde à peu près avec la teneur en fer des scories produites.

Avant de parler de la transformation finale du produit brut en fer ou acier, ajoutons que les fontes anglaises du Cleveland, dont nous avons vu également traiter plusieurs charges dans le convertor Heaton, tiennent le milieu entre les deux extrêmes que je viens de mentionner. Elles sont moins graphitiques que les fontes de Hayanges, plus grises que celles de Longwy. Il en résulte, dans le convertor, des réactions intermédiaires. Ainsi les fumées, avant leur inflammation, sont moitié nitreuses, moitié noires, mais le noir domine pourtant. Les scories sont plus vitreuses et plus siliceuses que celles de Longwy, plus opaques et plus ternes que celles de Hayanges. En résumé les réactions, dans le Convertor Heaton, dépendent surtout, comme dans l'appareil Bessemer, des proportions de silicium. Mais la marche de l'opération se ressent aussi de la température initiale de la fonte et du soin qui a présidé à l arrangement du creuset.

II. Transformation du métal raffiné en fer doux.

9. Le métal raffiné est transformé en fer doux, comme je l'ai dit ci-dessus, par une sorte de puddlage abrégé, réduit à la période de la formation des loupes. On a traité ainsi une partie du métal épuré des quatre opérations de la fonte de Longwy, et de trois des quatre opérations de la fonte de Hayanges. Voici le détail des essais en question.

1° Fer doux de la première opération (fonte de Longwy).

Une charge de 392 lb (177 kil. 5), fut transformée, en moins de trois quarts d'heure, en quatre loupes, dont l'une fut pilonnée en massiaux, les trois autres pilonnées et laminées en barres plates brutes. Leur poids réuni fut de 313 lb, d'où déchet 79 lb ou 20 p. 100.

Une seconde charge pareille donna cinq barres brutes, avec un déchet de 20 1/2 p. 100.

Le massiau de la première charge fut réchauffé au blanc soudant, puis laminé en barre plate marchande de 3 pouces sur 3/8 de pouce (n° 1) (*).

Les trois barres brutes de la première charge furent cisaillées, paquetés, corroyées et laminées en barres marchandes de 2 pouces sur 3/8 de pouce (n° 2).

Les cinq barres brutes de la seconde charge furent de même cisaillées, pacquetées et corroyées, mais on les étira en rails Brunel de faibles dimensions (*bridge rails*), dont la section transversale est de 2 pouces quarrés (n° 3).

(*) Les numéros entre parenthèses servent à désigner les barres dans le tableau des essais de traction rapportés ci-après, page 32.

Le déchet du corroyage ne fut pas déterminé, mais on peut l'évaluer, comme à l'ordinaire, à environ 10 p. 100.

J'indiquerai ci-après les résultats des essais de traction auxquels on soumit les fers; je dirai seulement, dès à présent, que ces barres de la première opération semblent accuser un puddlage trop prolongé. La cassure à demi lamelleuse et feuilletée annonce un fer *brûlé*. Le rail se casse, après entaille, au premier choc. L'oxydation trop avancée fut alors attribuée, à tort comme nous le verrons, à un excès de nitre. C'est le motif qui fit réduire la dose du réactif alcalin dans les opérations suivantes. Le fer brut était criqué sur les arêtes.

2° Fer doux de la deuxième opération (fonte de Longwy).

Une première charge de 259 lb (117 kil.) fut traitée en trente minutes. Chaque massiau pilonné fut remis au four pendant cinq minutes, puis martelé une seconde fois. Réchauffés ensuite au blanc fondant, ils furent directement laminés en *bridge rails* pareils aux précédents (n° 7); les rails sont nets, sans criques et supportent à froid de nombreux coups de mouton sans se briser. L'un d'eux, frappé à outrance, ne se casse que lorsque les deux moitiés font entre elles l'angle de 75°. La cassure est nerveuse, mais les fibres sont un peu courtes.

Une seconde charge de même poids fut traitée en vingt-cinq minutes. On pilonna et lamina de suite en fer plat brut, qui montra moins de criques que les barres de la première opération. Le fer brut ainsi obtenu fut cisaillé, paqueté, corroyé, et finalement laminé en bridge rails (n° 4). L'un de ces rails, éprouvé à outrance sous le mouton, ne s'est cassé que lorsque les deux branches furent sensiblement repliées sur elles-mêmes.

3° Fer doux des troisième et quatrième opérations (fonte de Longwy).

Une partie du métal raffiné des troisième et quatrième opérations fut transformée en bridge rails, en suivant la marche de la deuxième charge précédente (n°s 5 et 6). Les rails, ainsi obtenus par paquetage et corroyage ordinaires, ressemblent aux rails corroyés de la deuxième opération. La cassure montre cependant moins de nerfs. L'affinage ne semble pas parfait. La cassure dénote un certain défaut d'homogénéité.

4° Fer doux de la cinquième opération (fonte de Hayanges).

On a traité au four de puddlage 257 lb du métal raffiné de la cinquième opération. On a fait deux massiaux qui furent réchauffés au blanc soudant, puis laminés pour bridge rails. Ils présentent quelques criques, preuves certaines d'une épuration incomplète. Une autre partie fut traitée à la façon ordinaire : les barres brutes sont cisaillées, paquetées, corroyées, puis laminées en fers plats de 2 pouces sur 5/8 de pouce (n° 8).

5° Fer doux des sixième et huitième opérations (fonte de Hayanges).

On a soumis au même travail quelques cents livres du métal raffiné des sixième et huitième opérations. On a ainsi obtenu, après paquetage et corroyage, des barres plates, laminées, de 2 pouces sur 5/8 de pouce (n°s 9 et 10) ; et des barres quarrées, étirées au marteau, de 1/2 pouce de côté (n° 12).

Deux loupes de la huitième opération furent, en outre, pilonnées en massiaux et réchauffées au blanc soudant sans paquetage. Après ce réchauffage, l'un deux fut étiré au marteau en barres quarrées de 1/2 pouce de côté (n° 13) ; l'autre, laminé en fer plat de 2 pouces sur 5/8 (n° 11). Je passe rapidement sur ces détails parce que le métal Heaton ne saurait être travaillé économiquement pour fer doux, comme je l'ai déjà dit. L'épuration au nitre est trop coûteuse, et le déchet du travail des loupes trop considérable.

La qualité des fers n'est d'ailleurs pas aussi satisfaisante qu'on pourrait le désirer ; mais à cet égard il ne faut pas oublier que, dans les essais en question, la proportion de nitre fut en quelque sorte fixée au hasard, et en tous cas sans analyse préalable des fontes ; de plus, les ouvriers puddleurs ne connaissaient pas la matière qu'ils traitaient. La ténacité des barres ressort, jusqu'à un certain point, des essais de rupture au choc dont je viens de parler, mais se trouve établie plus exactement par les expérience faites dans les ateliers bien connus de l'ingénieur Kirkaldy à Londres.

III. Essais des fers par traction.

10. Les barres de fer furent toutes éprouvées telles qu'elles arrivaient de la forge. La longueur soumise à la traction était de 10 pouces anglais ($0^m,254$). Je résume les résultats dans le tableau suivant qui contient, outre les données en mesures anglaises, une colonne avec la charge de rupture en kilogrammes par millimètre quarré de la section primitive. Les numéros des expériences correspondent aux numéros placés ci-dessus, entre parenthèses, en regard des opérations d'où proviennent les barres essayées.

EXAMEN

Tableau des essais de rupture par traction des fers doux de Longwy et de Hayanges, faits dans les ateliers de l'ingénieur Kirkaldy à Londres.

ORIGINE et nombre des barres.	Dimensions des barres en pouces anglais.	Section primitive des barres en pouces quarrés.	CHARGE opérant la rupture. En tonnes par pouce quarré de la section primitive.	En kilog. par millimètre quarré de la section primitive.	Rapport de la section de rupture à la section primitive.	Extension de la barre en centièmes de la longueur primitive.	OBSERVATIONS.
		p. q.	tonnes.	kilog.			
N° 1. Barres plates des fontes de Longwy, obtenues directement avec le métal de la première opération, sans paquetage. (Moyenne de six essais.)	3 pouces sur 3/8 de pouce	1,125	18,7	29,4		7,0	Cassure à nerfs.
N° 2. Barres plates des fontes de Longwy, de la première opération, après paquetage. (Moyenne de six barres.)	2 pouces sur 3/8 de pouce	0,768	19,?	30,4		7,4	Idem.
N° 3. Bridge-rail des fontes de Longwy de la première opération.	»	2,08	19,3	30,4	On n'a pas déterminé la section de rupture.	9,0	Les essais n°ˢ 3 à 6 ont été faits sur un seul rail.
N° 4. Bridge-rail des fontes de Longwy, de la deuxième opération.	»	2,08	19,9	31,3		10,8	Les quatre rails ont été laminés après paquetage du fer brut.
N° 5. Bridge-rail de la troisième opération.	»	2,08	19,0	29,9		8,6	Cassure moitié à nerfs, moitié cristalline.
N° 6. Bridge-rail de la quatrième opération.	»	2,08	19,6	30,8		10,6	
N° 7. Bridge-rail de la deuxième opération, laminé, sans paquetage.	»	2,08	18,8	29,6		7,1	Cassure moitié à nerfs, moitié cristalline.
N° 8. Barres plates de la cinquième opération (Hayanges), après paquetage. (Moyenne de quatre barres.)	2 pouces sur 3/8 de pouce	0,768	21,1	33,2	0,84	10,1	Cassure à nerfs.
N° 9. Barres plates de la sixième opération (Hayanges), après paquetage. (moyenne de quatre barres.)	Id.	0,768	22,2	34,9	0,77	15,3	Idem.
N° 10. Barres plates de la huitième opération (Hayanges), après paquetage. (Moyenne de quatre barres.)	Id.	0,713	20,5	32,3	0,85	12,3	Idem.
N° 11. Barres plates de la huitième opération (Hayanges), non paquetées. (Moyenne de quatre barres.)	Id.	0,768	21,6	34,0	0,86	6,1	Idem.
N° 12. Barres quarrees de la huitième opération (Hayanges), étirées au marteau après paquetage. (Moyenne de quatre barres.)	1/2 pouce sur 1/2 pouce	0,278	23,1	36,4	0,77	13,9	Idem.
N° 13. Barres quarrées de la huitième opération (Hayanges), étirées au marteau sans paquetage. (Moyenne de quatre barres.)	1/2 pouce sur 1/2 pouce	0,278	27,5	43,3	0,81	10,8	Cassure moitié à nerfs, moitié cristalline.

Que doit-on conclure de ce tableau ?

A ne considérer que les charges de rupture, on pourrait dire que la résistance des fers doux de Longwy et de Hayanges, préparés au nitre, est à peu près celle des fers *ordinaires* de pareilles dimensions, et que les barres n°ˢ 12 et 13 se rapprochent même des fers supérieurs. Mais cet élément seul ne suffit pas pour apprécier la valeur d'un métal au point de vue du travail qu'il est appelé à supporter. Les fers *aigres* ou *secs* sont, sous ce rapport, égaux, sinon supérieurs, aux bons fers doux. C'est leur *résistance vive* qu'il faudrait pouvoir calculer, c'est-à-dire, le travail des barres soumises à des charges n'ayant pas atteint la limite d'élasticité. A défaut de ces éléments qui nous manquent ici, il convient au moins, pour se faire une idée plus nette de la valeur des fers, de comparer l'allongement aux poids qui déterminent la rupture (*), ou de rapporter ces poids, comme le propose M. Kirkaldy, non à l'aire de la *section primitive*, mais bien à celle de la section de *rupture*.

En partant des nombreuses expériences, publiées par M. Kirkaldy (**), on peut dresser le tableau résumé suivant :

(*) M. Edwin Clark, dans son ouvrage sur les ponts tubes de Britannia et de Conway, avait déjà montré qu'une mauvaise tôle, très-cassante et cristalline, peut résister à 22 tonnes par pouce carré, *mais sans allongement*; tandis que la moyenne des bonnes tôles de chaudière est de 19 tonnes seulement, mais avec des allongements qui varient de 5 à 12, 5 p. 100.

(**) Experiments on Wrought-iron and steel (2ᵉ édition 1866).

ORIGINE DES FERS en barres.	CHARGES DE RUPTURE en kilogrammes par millimètre carré de la section de rupture.	CHARGES DE RUPTURE en kilogrammes par millimètre carré de la section primitive.
	kilog.	kilog.
Fer doux de Suède (R. F.) de Ekman et comp. de Gothenbourg (1). . . .	100 à 112	33 à 35
Fer homogène de Fagersta, à 0,001 de carbone pour fil de fer fin (2). . . .	125 à 141	32 à 38
Fer de Lowmoor	90 à 100	40 à 45
Meilleurs fers du Staffordshire	80 à 88	41 à 43
Best-Best écossais.	60 à 70	42 à 46
Fer commun écossais.	50	42

(1) Le fer doux de Suède se contracte, avant de se rompre, dans le rapport de 100 à 30 et 25 ; le fer de Lowmoor dans le rapport de 100 à 47, et le fer commun écossais à peine dans le rapport de 100 à 85.

(2) Les chiffres concernant Fagersta sont extraits des notes publiées, à l'occasion de l'Exposition de 1867, par M. Kirkaldy. (Rapport du commissaire américain M. Hewitt, p. 73).

Or, si l'on compare les chiffres des deux colonnes, on voit que, d'après la première, le fer doux de Suède est bien en tête de la liste, tandis que, d'après la seconde, il se trouverait même inférieur au fer commun écossais. On voit aussi que, d'après les chiffres de la dernière colonne, le fer si justement apprécié de Lowmoor ne serait pas supérieur au fer commun écossais. Pour apprécier la valeur des fers, il faut donc surtout consulter les charges rapportées à la section de rupture. Eh bien ! si nous calculons, pour les barres plates de la Moselle, dont nous connaissons les sections de rupture, les charges par millimètre carré, nous trouverons les chiffres suivants :

NUMÉROS DES BARRES.	CHARGES DE RUPTURE en kilogrammes par millimètre carré de la section de rupture.
	kilog.
N° 8 de la cinquième opération.	39,3
N° 9 de la sixième opération.	43,3
N° 10 de la huitième opération (après paquetage).	37,9
N° 11 de la huitième opération (sans paquetage).	39,6
N° 12 Barres carrées de la huitième opération (après paquetage).	47,3
N° 13. Barres carrées de huitième opération (sans paquetage).	53,2

En comparant ces résultats aux précédents, on voit que les fers de Hayanges, préparés au nitre, peuvent être assimilés aux fers communs écossais. On arrive à la même conclusion, lorsqu'on consulte la colonne relative à l'allongement des barres. Les fers de Suède et les bons fers anglais s'allongent avant de se rompre, de 25 à 30 p. 100 de leur longueur primitive, tandis que l'allongement des fers communs écossais, ne dépasse pas 10 à 12 p. 100, et descend parfois à 6 ou 7 p. 100, ce qui est aussi, d'après le tableau de la page 32, l'allongement des fers de la Moselle préparés au nitre, car les chiffres trouvés sont tous compris entre 6 et 15 p. 100. Ces fers sont, par suite, de *qualité ordinaire*. Ils sont tendres et s'allongent peu ; et cette observation s'applique surtout aux fers de Longwy, dont l'allongement est encore moindre que celui des fers de Hayanges. Doit-on attribuer cette infériorité des fers de Longwy, et en général la médiocre qualité des fers traités au nitre, à l'inefficacité du mode d'affinage nouveau? Je ne le pense pas. On déjà vu, en ce qui concerne le fer doux de Longwy, que le puddlage, ou réchauffage, a été mal fait. Les fers ont été brûlés ; la décarburation est trop avancée, comme nous le verrons. De plus, la cassure des barres dénote un métal peu homogène; les parties scoriacées ne sont pas suffisamment expulsées; on y voit des parties sombres et ternes. Les chaudes ont été insuffisantes et pourtant les gaz du four trop oxydants.

Le tableau des essais de M. Kirkaldy, sur les fers de la Moselle traités au nitre, montrent encore que le paquetage n'a pas amélioré les produits.

Enfin, si les nᵒˢ 12 et 13 sont plus tenaces que les autres barres, il faut l'attribuer à leurs dimensions et à l'emploi du martinet. On sait que les fers martelés sont plus résistants que les fers laminés, et que la ténacité croît lorsque la section des barres devient moindre.

IV. Transformation du métal raffiné en acier fondu.

11. L'acier fondu est préparé jusqu'à présent à Langley-Mill, comme nous l'avons dit, au creuset par simple réaction. Le métal brut est martelé au rouge faible en disques minces, appelés *cakes*, puis concassé et classé, d'après le grain, en numéros de dureté, à la façon de l'acier cémenté. A ces *cakes* on mêle au creuset plus ou moins de fer doux et de fonte blanche spéculaire, selon le produit que l'on se propose de fabriquer. Le fer règle le degré de dureté, la fonte spéculaire achève l'affinage par le manganèse. On a traité ainsi une partie du métal raffiné des sept dernières opérations.

Voici le détail des essais :

1° Aciers de la deuxième opération (fonte de Longwy).

Deux creusets reçurent chacun :

Métal raffiné en cakes.	33 lb
Fer doux de la première opération.	12
Total.	45 soit 20^k,4
Fonte spéculaire de Siegen.	3/4 lb

Chaque creuset a fourni un lingot hexagonal de $0^m,06$ de diamètre. La fusion a duré quatre heures. L'acier était très-fluide et avait peu de tendance à monter. La cassure du lingot est à gros grains et dénote un acier doux, ce qui s'accorde avec la teneur en carbone, qui ne dépasse pas 0,0036, d'après le tableau que je donnerai ci-après. L'étirage des lingots se fait au rouge faible, sous le martinet, sans apparence de criques. Le grain des barres étirées est fin, homogène, gris clair, mais un peu brillant ; les faces extérieures sont lisses. Six barres carrées de 1/2 pouce de côté, ont été soumises, à Londres, aux essais de traction chez M. Kirkaldy. D'autres barres furent envoyées à Longwy, pour y être essayées pour outils, sous les yeux de MM. d'Adelswärd. On en a fait des burins, des outils de tours, des tranches à froid. Lorsqu'on trempe à la façon ordinaire, les burins refoulent ; lorsqu'on trempe fort, l'outil résiste, mais les tranches à froid tendent à s'ébrécher sous le choc ; ce n'est pas de l'acier supérieur ; il n'est pas complétement épuré. Un acier pur à 0,0036 de carbone ne se tremperait pas. S'il se trempe malgré cela, c'est qu'il renferme d'autres éléments; on y trouve, outre le carbone, du silicium et du phosphore. Cependant, comme l'acier Bessemer ordinaire renferme aussi des éléments étrangers, il ne serait pas impossible qu'on pût s'en servir, malgré cela, pour rails et fers à plancher. Il ne cède que sous la charge de 78 kilogram. par millimètre carré, avec allongement de 12,5 p. 100.

2° Aciers de la troisième opération (fonte de Longwy).

Les creusets reçurent les mêmes charges que les précédents, et l'on coula de même un lingot par creuset. Le grain est plus fin, plus serré, les soufflures moins nombreuses. L'acier est, en effet, plus carburé (0,0055 de carbone au lieu de 0.0036). Le forgeage est plus difficile. Lorsqu'on chauffe trop, il se produit des criques, mais on obtient facilement des barres saines de 1/2 pouce de côté; et les essais pour outils ont donné des résultats peu différents de ceux de la deuxième opération. La ténacité est cependant plus grande, 82 kil. au lieu de 78 par millimètre carré, comme on devait s'y attendre d'après le degré plus élevé de carburation. Mais les barres subissent, avant de céder, une extension moindre, ce qui annonce une certaine aigreur, due certainement aux éléments étrangers. L'allongement est réduit à 4 p. 100.

3° Aciers de la quatrième opération (fonte de Longwy).

La charge des creusets fut de :

Métal raffiné en cakes.	3o lb
Fer doux de la première opération. . . .	15
Total.	45 lb soit 20^k,94
Fonte spéculaire.	1/2 lb.

Les lingots ressemblent aux aciers de la deuxième opération. Malgré la moindre proportion de nitre, la teneur en carbone est la même, 0.0035 à 0.0036, à cause de la proportion plus forte de fer doux ajouté. Mais l'épuration est cependant moins avancée ; l'acier est moins pur. A la vérité, la charge de rupture est peu inférieure à celle du n° 2, mais la présence des matières étrangères se manifeste par le faible allongement qui est de 6 p. 100 au lieu de 12, 5. Les outils refoulent, lorsque la trempe est faible, ils éclatent lorsqu'elle est forte. On voit par cet essai, comparé à celui de la deuxième opération, qu'il vaut mieux, pour avoir de l'acier sain, épurer davantage, en forçant, au convertor, la dose de nitrate, et, au creuset, celle du fer doux pur, sauf à recarburer le métal, comme dans la cornue Bessemer, par une addition plus forte de bonne fonte spéculaire.

Observons enfin que le lingot de la quatrième opération n'est pas plus de l'acier proprement dit que celui de la seconde ; ou, du moins, que ce n'est pas de l'acier au *carbone* ; car 0.00055 à 0.0036 de carbone ne suffisent pas pour aciérer le fer. C'est du fer *homogène* qui durcit par la trempe, grâce au silicium et au phosphore qu'il retient encore ; mais ce fer impur, peu carburé, a moins de corps que l'acier proprement dit ; il résiste à la traction lente, mais se brise sous un effort brusque et s'allonge peu.

4° Acier de la cinquième opération (fonte de Hayanges).

On a chargé par creuset :

Métal raffiné en cakes.	34 lb
Fer doux préparé avec le métal raffiné de la même opération. . . .	14
Total.	48 lb soit 21^k,75
Fonte spéculaire.	1/4 lb.

Les lingots dénotent, par leur cassure à gros grains, un acier peu carburé. Ils se forgent sans peine au rouge faible; quelques criques se montrent cependant lors de la première chaude. Pour avoir un acier moins chargé d'éléments étrangers, on a fondu, en outre, en cinq creusets, des charges ainsi composées :

Cakes.	30 lb.
Fer doux.	14
Total.	44 lb., soit 19^k,90
Fonte spéculaire.	1/2 lb.

Les cinq charges furent coulées dans une seule lingotière, pour un lingot de 100 kil. Ce grand lingot devait être laminé pour rails à Hayanges même; il y fut envoyé, mais on renonça depuis à l'essai en question, parce que les laminoirs n'y sont pas installés pour le travail de l'acier.

Les petits lingots des deux premiers creusets ont été étirés en barres carrées de 1/2 pouce de côté et soumis, à Londres, aux essais de traction dans les ateliers Kirkaldy. La moyenne de quatre barres a donné, comme charge de rupture, 80,1 kil. par millimètre carré, mais l'allongement fut de 3,1 p. 100 seulement. C'est un métal *plus sec* encore que les précédents. Quant à la dose de carbone, elle est de 0,0037 ; ce n'est donc pas de l'acier proprement dit, mais du fer homogène, plus ou moins durci par le phosphore et le silicium. Les outils, faits à Hayanges avec le premier lingot, refoulaient sur la fonte dure, même en allant jusqu'à la trempe sèche. Ainsi, sous le rapport de la dureté après trempe, comme sous le rapport de la résistance vive, le phosphore ne remplace le carbone que d'une façon imparfaite.

5° Acier de la sixième opération (fonte de Hayanges).

On a préparé deux lingots, composés chacun de :

Métal raffiné. 34 lb.
Fer doux provenant de ce même métal raffiné. 14
                          Total. . . . . 48 lb., soit 21^k,75
Fonte spéculaire.. . . . . 1/4 lb.

La cassure des lingots annonce un métal fort peu carburé. L'acier étiré ne retient que 0,0032 de carbone. A chaud, le métal se travaille sans peine, il s'étire sans criques. Mais les burins refoulent plus encore que ceux de la cinquième opération. C'est donc aussi du fer homogène, simplement durci par le phosphore, mais non de l'acier.

On a soumis aux essais de traction des barres carrées de 3/4 de pouce. La moyenne de quatre barres et de 59 kil. 5, par millimètre carré avec allongement de 1,3 p. 100. C'est moins que le chiffre fourni par les barres de la cinquième opération, malgré la dose plus forte de nitre, mais la différence provient surtout ici des dimensions plus fortes des barres. Leur section transversale est double. Un troisième lingot de 100 kil. fut coulé avec les charges réunies de cinq creusets, ainsi composées.

Cakes. 30 lb.
Fer doux. 15
                          Total. . . . . 45 lb., soit 20^k,4
Fonte spéculaire. . . . . 1/2 lb.

Ce grand lingot, comme le précédent, devait être laminé pour rail, mais ne put l'être par les motifs ci-dessus indiqués.

6° Produits de la septième opération (fonte de Hayanges).

Le métal raffiné de la septième opération devait être traité au réverbère à deux chauffes de M. Heaton; mais e produit, comme nous l'avons dit, fut entièrement scorifié, par suite de la disposition peu rationnelle du four.

7° Acier de la huitième opération (fonte de Hayanges).

On a chargé par creuset ;

Cakes. . . . . : . . . . 3o lb.
Fer doux provenant de la même opération. . . 15
                          Total. . . . . 45 lb., soit 20^k,4
Fonte spéculaire. . . . . 1/2 lb.

La cassure des lingots est à grains plus fins que les précédents. L'acier se forge facilement; les outils de tours et les burins résistent assez bien, lorsqu'on leur fait subir une trempe moyenne; mais ils s'ébrèchent lorsqu'on dépasse le but, et refoulent dans le cas contraire. Des trois aciers préparés avec la fonte grise de Hayanges, c'est le plus carburé. J'y ai trouvé 0,0048 de carbone, et même 0,0062 dans le lingot; c'est la limite entre les fers durs et les aciers.

Les essais de traction, sur quatre barres carrées de 1/2 pouce de côté, ont donné sensiblement les mêmes résultats que les barres de la sixième opération. La rupture s'est faite sous la charge moyenne de 79^{kil}2 avec allongement de 3,2 p. 100. C'est, encore un acier, ou fer homogène durci, qui manque de *corps*. On voit que les aciers de Hayanges s'allongent moins que ceux de Longwy. Or les analyses, comme nous le verrons, montrent précisément que cela est dû à la différence de teneur en phosphore, et que la déphosphoration est d'autant moins complète, toutes choses égales d'ailleurs, que les fontes sont plus siliceuses.

V. Essais des aciers par traction.

12. J'ai cité, dans les paragraphes précédents, quelques-uns des résultats des essais, par voie de traction, auxquels on a soumis les aciers de la Moselle, dans les ateliers de l'ingénieur Kirkaldy. Je les réunis dans le tableau ci-joint, pour que les comparaisons soient plus faciles; j'y ajoute les résistances rapportées à l'aire de la section de rupture, ainsi que les teneurs en carbone des barres soumises à l'essai, teneurs que j'ai déterminées par le procédé Eggertz.

| ORIGINE et nombre des barres. | Dimensions des barres en pouces anglais. | Aires des sections primitives en pouces carrés. | CHARGES opérant la rupture. | | | Rapport de la section de rupture à la section primitive. | Allongement de la barre en centièmes de la longueur primitive. | Proportion de carbone dans les barres étirées. |
			En tonne par pouce carré de la section primitive.	En kilog. par millimètre carré	En kilogrammes par millimètre carré de la section contractée.			
N° 14. Acier fondu de la deuxième opération. (Longwy.) Moyenne de six barres étirées au marteau.	1/2 pouce par 1/2 pouce	p. q. 0,267	tonnes. 49,5	kilog. 77,90	kilog. 109,7	0,71	12,5	0,0033
N° 15. Acier fondu de la troisième opération. (Longwy.) Moyenne de six barres étirées au marteau.	Idem.	0,267	52,0	81,9	87,1	0,94	4,0	0,0055
N° 16. Acier fondu de la quatrième opération. (Longwy.) Moyenne de six barres étirées au marteau.	Idem.	0,266	49,1	77,3	84,9	0,91	6,0	0,0035
N° 17. Acier fondu de la cinquième opération. (Hayanges.) Moyenne de quatre barres martelées.	Idem.	0,279	50,9	80,1	84,3	0,95	3,1	0,0037
N° 18. Acier fondu de la sixième opération. (Hayanges.) Moyenne de quatre barres martelées.	3/4 pouce par 3/4 pouce	0,562	37,8	59,5	61,1	0,97	1,3	0,0032
N° 19. Acier fondu de la huitième opération. (Hayanges.) Moyenne de quatre barres martelées.	1/2 pouce par 1/2 pouce	0,275	50,3	79,2	83,9	0,94	3,2	0,0048

Note. La cassure de toutes les barres présente, à très-peu près, le même aspect. Elle est grenue, moins fine, mais plus cristalline et plus brillante que celle de l'acier supérieur. Un caractère particulier de la cassure, qui me paraît spécial au métal en question, c'est que, sur le fond blanc brillant, ressortent deux bandes plus sombres et plus ternes le long des diagonales du carré de la section.

Pour pouvoir apprécier la signification réelle des chiffres de ce tableau, il faut la comparer aux résultats fournis par des aciers, dont l'emploi est depuis longtemps connu dans les arts. Le tableau (F) de l'ouvrage déjà cité de M. Kirkaldy (page 145) nous fournit les données suivantes :

ORIGINE DES ACIERS.	CHARGES de rupture en kil. par mill. carré de la section primitive (moyennes de plusieurs essais).	CHARGES de rupture en kil. par mill. carré de la section de rupture (moyennes de plusieurs essais).	ALLONGEMENT en centièmes de la longueur primitive.
	kilog.	kilog.	
Acier fondu de Turton pour outils (forgé).	93	98	5,4
Acier fondu de Jowitt pour ciseaux (forgé).	88	105	7,1
Acier fondu de Krupp pour boulons (laminé).	60 à 67	97	15,3
Métal homogène de Shortbridge (forgé)	59 à 66	85	11,9
Acier fondu pour ressort de Jowitt (forgé).	45 à 48	67	18,0
Acier puddlé de la Mersey Cie (forgé).	47 à 53	77	19,1

Note. La cassure des deux premiers aciers est extrêmement grenue et très-fine, celle des trois suivants, en partie fibreuse avec bel éclat soyeux, celle du dernier surtout fibreuse. Le diamètre ou le côté des échantillons varie en général entre 1/2 et 3/4 de pouce.

Les teneurs en carbone ne sont pas indiquées, mais on sait, par l'usage auquel ces aciers sont destinés, que les deux premiers sont des aciers durs dont la teneur est de 0,006 à 0,010, les quatre derniers des aciers *doux*, ou fers homogènes, qui ne tiennent guère plus de 0,003 à 0,005 de carbone. D'après cela, on voit que les aciers de Longwy, provenant de fontes peu siliceuses, seraient des aciers doux assez tenaces, mais dont l'allongement est un peu faible, surtout en ce qui concerne les échantillons n°° 15 et 16, obtenus avec des doses trop faibles de nitrate. Les aciers de Hayanges sont moins tenaces, et s'allongent surtout d'une façon insuffisante. Ils sont *secs*, tout en étant fort peu carburés, défaut qui provient, comme nous le verrons, d'un reste de phosphore non enlevé par le nitre.

Comparons aussi les aciers de la Moselle aux aciers Bessemer de Suède et d'Autriche. D'après les essais de M. Kirkaldy, les aciers, préparés à Fagersta par le procédé Bessemer, ont donné les résultats suivants (*).

(*) J'extrais ces chiffres des notices publiées à l'occasion de l'ex-

CHARGES de rupture en kil. par millim. carré de la section de rupture (1).	CHARGES de rupture en kil. par millim. carré de la section primitive.	RAPPORT de la section de rupture à la section primitive.	ALLONGEMENT en centièmes de la longueur primitive	TENEUR en carbone.
kilog.	kilog.			
9. à 109	89 à 103	0,91 à 0,95	2 à 6 p. 100	0,0100
86 à 102	71 à 92	0.80 à 0,92	4 à 6 p. 100	0,0070
90 à 103	70 à 73	0,68 à 0,82	9 à 10 p. 100	0,0045
133 à 134	48 à 49	0,36 à 0,37	12 p. 100	0,0035
105 à 119	42 à 44	0,37 à 0,40	11 à 22 p. 100	0,0030

(1) J'ai déjà cité les chiffres de la première colonne dans mon mémoire sur l'acier, p. 181 ; mais, j'ai omis de dire alors que les poids, opérant la rupture, se rapportaient à la section *contractée* et non à la section primitive.

Les aciers de Neuberg, essayés à Vienne, ont fourni d'autre part les chiffres que voici :

CHARGES de rupture par millim. carré de la section primitive.	ALLONGEMENT en centièmes de la longueur primitive.	TENEUR en carbone.	OBSERVATIONS.
kilog.			
89 à 105	5 p. 100	0,0088 à 0112	Devient aigre lorsqu'on trempe trop fort.
73 à 89	5 à 10	0,0062 à 0088	Se trempent très-bien.
56,5 à 73	10 à 20	0,0038 à 0062	
48 à 56,5	20 à 25	0,0015 à 0038	Durcit faiblement par la trempe.
40 à 48	25 à 30	0,0005 à 0015	Ne durcit pas du tout.

En comparant ces tableaux, on constate d'abord le plus complet accord entre les résultats des deux contrées. D'une part, l'allongement croît à mesure que l'acier tient moins de carbone, et d'autre part, les charges de rupture, rapportées à la section primitive, décroissent avec la dose de carbone, mais varient peu lorsqu'on les rapporte à la section de rupture.

Et si maintenant nous rapprochons ces chiffres de ceux

position de 1867. On les trouve résumés, entre autres, dans le rapport du commissaire des États-Unis M. A. Hewitt p. 100.

que nous ont donnés les aciers de la Moselle, nous verrons
que l'allongement est de 9 à 10 p. 100 pour les aciers de
Suède et d'Autriche, tenant 0,0045 à 0,0060 de carbone,
tandis qu'il n'est que de 3 à 4 p. 100 pour les aciers de la
Moselle (n°s 15 et 19). La charge de rupture, rapportée à la
section primitive, est de 80 à 82 kil. pour ces deux échantillons de la Moselle, tandis que celle des aciers de Suède
et de Neuberg est au maximum de 73 kil. La roideur est
augmentée par le silicium et le phosphore ; mais l'infériorité des aciers de la Moselle se montre de nouveau, lorsqu'on compare les charges calculées par millimètre carré
de la section de rupture. En Suède les charges dépassent 90
et bien souvent 100 kil., tandis que l'acier n° 15 de Longwy
n'atteint que 87 kil., et celui de Hayanges (n° 19), seulement 84 kil.

Enfin, lorsqu'on compare les aciers peu carburés, tenant
0,0032 à 0,0037 de carbone, on voit que l'allongement
peut atteindre, en Suède et en Autriche, 12 et parfois même
20 p. 100. A Hayanges il ne va qu'à 3 p. 100. Ceux de
Longwy, mieux épurés, sont aussi plus ductiles. Le n° 14,
obtenu avec le maximum de nitre, s'allonge de 12,5 p. 100.

Quant aux charges de rupture, rapportées à la section
primitive, elles sont généralement supérieures dans les
échantillons de la Moselle, soit 60 à 80 kil. au lieu de 48 à
56 kil.; mais, rapportées à la section de rupture, le n° 14
seul peut se comparer aux aciers de Suède. C'est 109^k.7
contre 105 à 134 kil., tandis que les aciers moins épurés
n°s 16 et 17 ne vont qu'à 84 ou 85 kil. et même le n° 18 à
61 kil. seulement.

En résumé, on peut conclure de tout ce qui précède que
les fontes phosphoreuses semblent devoir donner difffici-
lement, par le procédé Heaton, des aciers *durs* ayant du
corps, mais que l'on peut préparer des aciers *doux* et du *fer
homogène*, qui ne diffèrent des aciers ordinaires, obtenus à
l'aide du procédé Bessemer, que par une roideur un peu plus

grande et une moindre tendance à s'allonger sous de fortes charges. Il nous reste à montrer jusqu'à quel point ce défaut est dû au phosphore et à quel degré d'épuration il est possible d'arriver par le procédé Heaton. J'observerai seulement, avant de quitter le sujet de la qualité des aciers, que, pour l'apprécier d'une façon sûre, il faudrait pouvoir les comparer, comme les fers doux, sous le rapport *de la résistance vive*. On ne connaîtra bien la valeur relative des divers aciers qu'en déterminant, par des expériences précises, le travail des barres soumises à des charges ne dépassant pas la limite d'élasticité.

VI. Examen chimique des produits de l'affinage au nitre.

13. J'ai déjà donné page 19 la composition des fontes de la Moselle. Voici celle du nitre brut qui a servi aux essais de Langley-Mill. Il était important de connaître les doses de soufre et de phosphore provenant du réactif essayé. Le sel est jaune, en grumeaux cristallins; on le conservait, à l'usine, dans un caveau humide.

Nitrate de soude.	90,89		
Chlorure de sodium.	2,73	tenant chlore.	1,64
Sulfate de chaux.	0,22	tenant SO³	0,12
Sable.	0,28		
Eau.	5,88		
Acide phosphorique.	traces.		
	100,00		

Le nitrate pur renferme 36,61 p. 100 de soude; par suite, le sel brut, 33,27 p. 100; ou bien, en y comprenant la soude du chlorure, 34,7 p. 100.

Les produits de l'affinage Heaton sont le métal raffiné (*Crude-Steel*) et les scories. Le métal raffiné lui-même est transformé ensuite, partie en *fer doux*, partie *en acier*. Examinons successivement ces quatre produits.

14. *Métal raffiné.*—Le métal raffiné est une masse spongieuse, grenue ou cristalline, une sorte de fine métal boursouflé, dont les diverses parties sont inégalement épurées. Ce défaut d'homogénéité est sensible à l'œil nu. Le grain varie de grosseur. Je possède un fragment de quelques centimètres de la deuxième opération, dont les parties à gros grains m'ont donné, par la méthode Eggertz, 0,0024 de carbone, les parties à grains fins, 0,0125, et un mélange des deux 0,0045. Les analyses que je vais citer prouvent également la répartition parfois un peu inégale du silicium et du phosphore. Au moment où l'on renverse le creuset du convertor, sens dessus dessous, sur le sol de l'usine, on voit souvent couler de la masse déjà figée certaines parties encore fluides, qui s'en séparent par une sorte de liquation. Ces parties plus fusibles renferment toujours plus de silicium et de phosphore que la masse figée, et on les reconnaît au laboratoire par la difficulté plus grande de leur attaque par l'acide nitrique. Pour se faire une idée exacte du degré d'épuration du produit, il ne faut donc pas s'en rapporter à un examen isolé de quelques parcelles du métal raffiné; il convient plutôt de soumettre à l'analyse les lingots d'acier, provenant de la refonte du métal raffiné au creuset. Une autre circonstance encore tend à fausser les résultats de l'analyse. Le métal boursouflé renferme toujours, intimement empâtées, ou sous forme de mince pellicule à l'intérieur des ampoules, des éléments scoriacés dont l'existence est constatée par l'analyse, mais que l'on ne peut séparer rigoureusement du métal lui-même.

Cela dit, donnons les résultats de quelques analyses du métal raffiné et voyons les conséquences qu'on peut en déduire. Mais notons encore que, pour avoir des résultats plus comparables, j'ai préféré analyser les *cakes*, c'est-à-dire, le métal raffiné soumis au réchauffage et cinglage rapide dont j'ai parlé, que la masse spongieuse proprement dite telle qu'elle sort du convertor. Celle-ci, je le répète, est toujours peu homogène et plus ou moins mêlée de parties scoriacées. *Les cakes*, il est vrai, laissent encore à désirer sous ce double rapport, mais ils sont pourtant de nature plus uniforme.

Les cakes ont été analysés, comme les fontes, en attaquant 5 à 10 grammes par l'acide nitrique, évaporant à sec, calcinant le produit, pour rendre la silice insoluble, reprenant les oxydes par l'acide chlorhydrique, précipitant le fer à l'état de sulfure, et dosant le phosphore à l'état de phosphate magnésien. On a repris et reprécipité, bien entendu, ce phosphate pour en vérifier la pureté, et l'on a déterminé la silice soluble, toujours entraînée en faible dose par le sulfure de fer et le phosphate magnésien. On a cherché séparément le soufre, soit par la méthode ordinaire, soit par le procédé Eggertz. Enfin le carbone a été évalué par la méthode Eggertz. Je n'ai pas cherché les autres éléments, si ce n'est le sodium, dans l'un des échantillons. J'ai d'ailleurs constaté des traces très-prononcées de vanadium dans les fontes, et l'on en retrouve jusque dans les aciers, uoique la majeure partie passe sous forme de vanadite de soude dans les scories.

Les cakes analysés sont au nombre de quatre; ils proviennent des deux premières opérations, faites sur les fontes de Longwy, et des deux premiers essais sur les fontes de Hayanges. Les cakes de Longwy s'aplatissent à froid sous le marteau et s'attaquent facilement par l'acide nitrique. Les cakes de Hayanges sont plus durs et à grains plus fins; ils ne s'aplatissent pas à froid et ne sont attaqués par l'acide qu'à l'aide de la chaleur. Ces circonstances indiquent déjà, dans ces derniers, un affinage moins avancé: ce que les analyses confirment en effet.

Voici les chiffres :

ÉLÉMENTS cherchés.	Opération n° 1.	Opération n° 2.	Opération n° 5.	Opération n° 6.	OBSERVATIONS.
Scorie non attaquée.	0,0020	0,0006	0,0025	0,0078	Toute la silice figure ici comme silicium, quoique une partie ait dû être fournie par la scorie mêlée au métal.
Silicium	0,0016	0.0014	0,0053	0,0045	
Phosphore.	0,0064	0,0059	0,0092	0,0078	
Soufre	0,0019	non dosé	0,0001	non dosé	
Carbone	0,0120	0,0125	0,0121	0,0152	

Observons de suite que les chiffres, placés en regard du mot de *scorie non attaquée*, ne représentent pas le poids total de la scorie mêlée au métal. La scorie est décomposée, lors de l'analyse, par les acides ; ils en séparent une partie basique qui est dissoute, tandis que le reste est un silicate acide, que l'on isole de la silice proprement dite, en enlevant celle-ci par une solution aqueuse de potasse caustique. La partie attaquée par les acides est d'autant plus considérable que la scorie elle-même est plus basique. Or, sous ce rapport, il y a une grande différence, comme nous allons le voir, entre les scories des opérations n°ˢ 1 et 2 et celles des opérations n°ˢ 5 et 6. Ces dernières tiennent plus de 5o p. 1oo de silice, les premières environ 3o p. 1oo. Celles-ci laissent, par suite, un moindre résidu, et comme elles renferment 15 à 16 p. 1oo d'acide phosphorique, tandis que les scories des opérations n°ˢ 5 et 6 n'en contiennent pas 2 p. 1oo, il en résulte qu'une partie appréciable du phosphore, que donne l'analyse du métal raffiné des n°ˢ 1 et 2, doit provenir des scories adhérentes. Il suffirait de 1 p. 1oo de scorie proprement dite, mêlée au métal, pour fournir à l'analyse des cakes 0,0016 d'acide phosphorique, ou 0,0007 de phosphore. Il suit de là que dans le métal raffiné, provenant des opérations n°ˢ 1 et 2, les proportions de phosphore seraient en réalité d'environ 0,0055 ou 0,0050 au lieu de 0,0064 et 0,0059.

Cela établi, on voit, en comparant ces analyses à celles des fontes, que les fontes grises siliceuses sont bien moins

épurées que les fontes blanches; que le silicium subit l'oxydation avant le phosphore, et que le carbone résiste plus que
les autres substances. Mais on voit malheureusement que,
même dans le cas le plus favorable, la déphosphoration est
bien incomplète. Le produit épuré retient encore 0,005 de
phosphore, lorsqu'on opère sur des fontes qui en renferment 0,014 à 0,015. Pourtant cette conclusion ne saurait
être absolue. L'épuration dépend des proportions de nitre
dont on s'est servi; puis il faut se rappeler que le métal
raffiné *est peu homogène*, et que, pour mieux connaître le
degré de la déphosphoration, il faut surtout consulter les
analyses des lingots d'acier. On trouve une preuve du manque d'homogénéite dans ce fait, que le métal n° 1 retient
plus de phosphore que le n° 2, tandis que ce devrait être
l'inverse d'après les doses respectives de nitre employées
dans les deux opérations. En tous cas, si l'on se reporte
aux observations faites à Königshütte, sur l'affinage des
fontes phosphoreuses par le procédé Bessemer, on ne doit
pas s'étonner que même l'acier fondu à 0,005 de phosphore
puisse se travailler à chaud presque aussi bien que l'acier
pur. (Voyez ci-dessus, page 3.)

M. le docteur Miller, de Londres, indique, dans le métal
raffiné, comme nous le verrons, 0,0014 de sodium. Je crois
en effet qu'il en renferme toujours; la soude, en traversant
la fonte en fusion, est, aussi bien que l'acide nitrique, partiellement désoxydée par le carbone et le fer, mais il est
impossible de doser exactement le métal alcalin à cause
des scories mêlées au fer. J'ai bien cherché, en traitant l'acier
brut par l'eau bouillante, à enlever la soude provenant de
la scorie, mais celle-ci ne cède à l'eau qu'une partie de l'alcali, en sorte que quand on dose ensuite le sodium, dans le
métal lavé, on ne peut savoir s'il provient, ou non, de
l'acier brut ou de la scorie adhérente. Quoi qu'il en soit, le
métal raffiné de la troisième opération m'a donné 0,0006 de
sodium, après avoir été privé, autant que possible, des sco-

ries adhérentes par un lavage à l'eau bouillante, au risque, il est vrai, d'attaquer aussi de cette façon une partie du sodium proprement dit. En tous cas, le métal alcalin doit exercer sur le produit final une heureuse influence ; au moment de la refonte pour acier, il doit agir de nouveau sur le phosphore et le soufre.

15. *Scorie.* — Le deuxième produit de l'affinage Heaton, est la *scorie* alcaline, provenant de l'action du nitrate de soude. Je me suis borné à analyser d'une façon complète deux échantillons, la scorie de la première opération et celle de la cinquième. Mais je me suis assuré que les scories des quatre premières opérations sont presque identiques entre elles, ainsi que celles des quatre dernières. On a déjà vu que ce sont deux types bien distincts, dus aux proportions si différentes de silicium dans les deux fontes.

Voici les résultats :

ÉLÉMENTS DOSÉS.	SCORIE de la 1re opération. (Fonte blanche de Longwy.)	SCORIE de la 5e opération. (Fonte grise de Hayanges.)	
Silice	0,310	0,540	
Acide phosphorique	0,158	0,016	
Acide sulfurique	0,007	0,005	Soufre, en très-faible partie, à l'état d'a-
Soufre	0,006		cide sulfurique.
Chlore.	0,007	0,002	
Soude.	0,304	0,290	
Chaux.	0,010	0,008	
Magnésie.	traces	0,004	
Protoxyde de fer	0,144	0,080	
Protoxyde de manganèse . .	0,046	0,041	
Oxyde de vanadium.	0,005	0,006	
	0,997	0,992	

La scorie de la huitième opération, partiellement analysée, m'a donné :

Silice.	0,545
Acide phosphorique.	0,018
Soude.	0,305
Protoxyde de fer.	0,080
Protoxyde de manganèse.	0,034
Chaux.	0,005
Soufre, chlore, vanadium, magnésie, etc., par différence.	0,013
	1,000

Les scories, provenant des deux fontes, renferment les mêmes éléments et à peu près la même proportion de soude, mais les scories opaques et ternes de la fonte blanche de Longwy sont riches en acide phosphorique, tandis que les scories vitreuses des fontes grises de Hayanges sont siliceuses, en sorte que la nature des scories vient à l'appui des conclusions précédentes sur la déphosphoration moins avancée des fontes siliceuses. La proportion d'oxyde de fer est également moindre dans les scories siliceuses de la fonte de Hayanges que dans celle de la fonte de Longwy, mais dans les deux cas, la teneur en fer est faible, et le déchet tout à fait minime. Dans les opérations, faites sur la fonte de Longwy, le poids de la scorie est, en effet, comme nous le verrons, d'environ 60 kil., c'est-à-dire moins de 9 p. 100 du poids de la fonte soumise à l'affinage. Or les 0,144 de protoxyde de fer correspondent à 0,112 de fer métallique, dont les 9 p. 100 forment 0,0101 ; ce qui prouve que, par l'action du nitre, on n'a pas oxydé au delà de 1 p. 100 du fer de la fonte. D'autre part, en traitant la fonte de Hayanges, le poids des scories est au maximum de 85 kil., soit 12 p. 100 du poids de la fonte, et comme la scorie ne contient que 0,08 de protoxyde de fer ou 0,062 de fer métallique, la fonte n'a également cédé à la scorie que 0,062 des 12 p. 100, soit 0,0086 de fer métallique, c'est-à-dire moins de 1 p. 100. On voit donc que dans ce procédé la perte sur le fer est presque nulle, et que le déchet n'est dû qu'à l'oxydation des matières étrangères. Cela confirme le chiffre de 6 p. 100, trouvé ci-dessus comme moyenne des opérations faites sur la fonte de l'usine de Hayanges.

Les scories renferment des grenailles métalliques. On les a séparées avec soin, à l'aide du barreau aimanté, avant de soumettre la matière à l'analyse. La scorie de la première opération a donné 8,3 p. 100 de grenailles ; celles des cinquième et huitième opérations, entre 5 et 6 p. 100 ; mais ces chiffres sont variables ; ils dépendent du choix des échantillons, et, en général, comme nous le verrons, la proportion des grenailles est plus forte.

Les fontes de Longwy et de Hayanges, ainsi que nous venons de le dire, donnent des scories tout à fait différentes. L'eau et les acides ne les attaquent pas de la même façon.

L'eau décompose facilement les scories de la fonte de Longwy. Il en résulte à froid une dissolution verte qui passe au jaune par la séparation d'un léger dépôt noir. La liqueur renferme du sulfure de sodium qui noircit l'argent, et c'est ce composé qui retient d'abord un peu de sulfure de fer, et conserve en dissolution le sulfure vanadique. L'eau n'enlève cependant qu'une partie de la soude ; elle transforme le silico-phosphate en un composé basique, soluble dans l'eau, formé surtout de phosphate de soude, et en un résidu insoluble, retenant la majeure partie de la silice, un tiers environ de l'acide phosphorique et la totalité des bases non alcalines. Le vanadium aussi est en partie retenu par le silicate insoluble.

Lorsqu'on humecte la scorie et qu'on l'abandonne à l'air, elle se décompose en partie ; le silicate de soude se transforme en carbonate.

En traitant par l'eau la scorie de la première opération, on en dissout les 0,386, et l'on trouve, dans la partie soluble, 8 à 9 p. 100 de silice, 25 p. 100 d'acide phosphorique et 62 p. 100 de soude ; tandis que le résidu insoluble est formé de 50 p. 100 de silice, 9 à 10 p. 100 d'acide phosphorique, 10 à 11 p. 100 de soude et environ 30 p. 100 d'oxydes de fer, de manganèse, etc. Si l'on compare ces chiffres à l'analyse proprement dite, on voit que l'eau enlève à peu près les 5/6 de la soude, le 1/10 de la silice et les 2/3 de l'acide phosphorique.

L'acide chlorhydrique attaque complétement la scorie de la fonte de Longwy. Il y a dégagement d'hydrogène sulfuré. En évaporant à sec et reprenant par l'acide, il reste en général de la silice pure ; mais si l'on chauffe trop et si l'acide employé n'est pas très-concentré, il peut arriver aussi que la silice retienne divers phosphates à excès d'acide (*). Le vanadium se concentre surtout dans la dissolution alcaline, mais se trouve aussi partiellement entraîné par le phosphate magnésien. La nuance bleue des sels et la coloration rouge du sulfo-vanadate ammoniacal ne laissent à cet égard aucun doute. Par des attaques au nitre, j'ai d'ailleurs constaté l'absence du chrome et vérifié la formation de l'acide vanadique.

L'eau attaque aussi les scories de la fonte de Hayanges. A chaud, la liqueur est colorée en brun par du sulfo-vanadate sodique, mais la dissolution se compose surtout de silicate de soude à excès de base. La scorie n° 5 abandonne à l'eau les 0,39 de son poids ; la scorie n° 8, les 0,34. Dans les deux cas, le résidu insoluble se ramollit au rouge sombre. La dissolution aqueuse renferme les 2/3 de la soude, la moitié de l'acide phosphorique, et près du tiers de l'acide silicique.

Ni l'acide chlorhydrique ni l'acide sulfurique n'attaquent entièrement la scorie de la fonte de Hayanges ; elle est trop siliceuse pour cela. Il reste un silicophosphate, à excès d'acide, formant les 0,25 à 0,30 de la scorie primitive. Pour doser la silice, on a attaqué la matière au carbonate

---

(*) H. Rose observe, dans son Traité d'analyse, que beaucoup de phosphates *acides calcinés* ne sont pas solubles dans les acides.

de soude mêlé de nitre. On obtient alors de la silice quelque peu jaunie par l'acide vanadique. Pour le dosage de la soude, on s'est servi d'acide fluorhydrique et d'acide sulfurique.

Dans toutes les scories, mais surtout dans celles des fontes de Hayanges, le soufre est peu oxydé; il s'y rencontre surtout combiné au sodium, en sorte que, malgré la présence de l'acide nitrique, la soude abandonne également une partie de son oxygène aux éléments oxydables de la fonte.

16. Cherchons maintenant, en partant des analyses dont je viens de parler, à fixer le degré d'affinage qu'il est possible de réaliser par le procédé en question. A cet effet, calculons d'abord la quantité d'oxygène que le nitre peut fournir. En admettant que l'acide azotique soit simplement ramené à l'état de deutoxyde d'azote, mais que l'eau du nitrate soit entièrement décomposée, 100 kil. de nitrate du Pérou dégageraient :

Par les $90^k,89$ de nitrate pur. . . . . $25^k,5$ d'oxygène
Et par les 5,88 d'eau. . . . . 5 ,2
Total. . . . . 30 ,7

Si, au contraire, l'acide azotique était complétement réduit, on aurait :

Par les $90^k,89$ de nitrate. . . . . $42^k,5$ d'oxygène
Et par les 5,88 d'eau. . . . . 5 ,2
Total. . . . . 47 ,7

Comparons à ces chiffres l'oxygène qui serait nécessaire pour oxyder complétement les éléments étrangers des fontes de la Moselle.

Prenons d'abord la fonte de Longwy de la première opération. Le poids traité est de 720 kil. abstraction faite des deux barres de fer. En admettant, d'après l'analyse précédente,

o,9 p. 100 de silicium, 1,42 p. 100 de phosphore, 1/3 p. 100
de soufre et 3 p. 100 de carbone, dont la moitié environ
devrait être expulsée, il faudrait, pour opérer l'oxydation
de ces divers éléments :

Pour 0,9 p. 100 ou 6^k,48 de silicium. . . . . .   7^k,02 d'oxygène
—   1,42 p. 100 ou 10,22 de phosphore. . . .   13,01
—   1/3   p. 100 ou 2,40 de soufre.   2,40
—   1,5   p. 100 ou 10,80 de carbone transformé en oxyde de carbone. 14,40
                         Total. . . . . 36,83 d'oxygène

Or on a pris, pour la première opération, 68 kil. de nitrate
de soude qui pouvaient donner :

Dans la première hypothèse. . . . . .   20^k,88 d'oxygène.
Dans la seconde. . . . .   32^k,44   —

On voit donc que, même dans le cas le plus favorable,
la proportion d'oxygène fournie par le nitre était insuffisante pour oxyder la totalité des éléments étrangers. A
plus forte raison en est-il ainsi, dans la pratique,
puisque d'une part, sans parler du fer, il faudrait aussi tenir
compte de l'oxygène absorbé par le manganèse, le vanadium, les métaux terreux, etc., que renferment les fontes, et
que, d'autre part, le gaz nitreux, que l'on voit se produire
pendant l'opération, prouve qu'une partie au moins de l'a-
cide nitrique est simplement ramenée à l'état de deutoxyde
d'azote. Il n'est donc pas étonnant, d'après cela, que le
métal raffiné retienne encore du phosphore et du silicium,
et qu'une dose très-faible de fer ait été oxydée. On conçoit
aussi que la soude elle-même puisse être réduite partiellement dans ces circonstances.

Calculons, d'après l'analyse des cakes de la première
opération, l'oxygène nécessaire pour achever l'affinage du
métal raffiné.

Le poids de ce produit, en y comprenant les plaquettes projetées, fut, dans cette opération, de 669 kil., ou plutôt, en y ajoutant les 8 p. 100 de grenailles retenues par les scories, de 671 kil. D'après cela, on trouve :

Pour les	0,0016 de silicium,	ou 1^k,07	. . . . .	1^k,16 d'oxygène
—	0,0064 de phosphore	ou 4 ,29	. . . . .	5 ,46
—	0,0009 de soufre	ou 0 ,60	. . . . .	0 ,60
		Total.	. . . .	7 ,22

Or ce chiffre est un minimum puisque les cakes, par suite du réchauffage oxydant, sont plus purs que le métal bulleux au sortir du convertor. En retranchant les 7^k.22 des 36^k.83, on voit que, pour arriver au résultat réalisé, le nitre a dû fournir 29^k.60 d'oxygène, soit 44 p. 100; par suite, la majeure partie de l'acide nitrique a dû être ramenée à l'état d'azote ou de protoxyde d'azote.

On voit également que, pour atteindre la dose indispensable d'oxygène, il eût fallu augmenter la charge de nitrate d'au moins 15 kil. Cependant même alors, l'épuration n'eût pas été complète, puisqu'une partie de l'oxygène en question eût également réagi sur le fer et le carbone. Si donc le fer en barres, préparé avec le métal raffiné des premières opérations, montre les défauts du *fer brûlé*, il faut l'attribuer au travail des chaudes suivantes et non à l'excès de nitre dans le convertor. Les analyses et les fusions pour acier prouvent, en effet, que les cakes de la première opération étaient suffisamment carburés. Au reste, je ne craindrais pas, même à ce point de vue, un excès de nitre. Il sera toujours facile de restituer au métal raffiné le carbone voulu; il suffit d'ajouter, lors de la refonte pour acier, une proportion suffisamment élevée de fonte spéculaire pure, ainsi que cela se pratique dans la cornue Bessemer et le réverèbre Martin.

L'excès de nitre offrirait cependant un double inconvénient. On peut craindre, malgré le surcroît de chaleur qui doit en résulter, que le métal ne reste pas fluide jusqu'à la fin, et qu'alors surtout il ne soit dépourvu d'homogénéité. En second lieu, on doit redouter l'augmentation des frais. Au lieu de 68 kilog. de nitre, il en faudrait 83 à 85 kilog., soit 11 1/2 à 12 p. 100 au lieu de 9 1/2.

Le produit rafffné n'est pas homogène et le serait, sans doute, d'autant moins que la décarburation est plus avancée. Mais ce défaut me paraît au fond peu à redouter, puisque, en tous cas, le produit raffiné devra être refondu au réverbère. Il est évident toutefois que la marche la plus économique, celle vers laquelle il convient de tendre, consisterait à couler le métal raffiné directement du convertor dans le réverbère, ce qui me paraît facile à réaliser.

Quant aux frais, résultant de ces fortes doses de nitre, on ne peut se dissimuler qu'ils ne soient élevés, surtout au prix actuel du nitrate de soude. Mais à cet égard, je me réserve d'exposer, dans un paragraphe suivant, une formule de traitement un peu modifiée, qui permettrait de réduire la dose de nitrate dans de notables proportions.

Répétons les mêmes calculs pour la fonte grise de Hayanges. D'après l'analyse, précédemment citée, la fonte refondue de Hayanges contient 3 p. 100 de silicium, 1,275 p. 100 de phosphore, 0,1 p. 100 de soufre et 3 p. 100 de carbone. En se proposant, comme ci-dessus, de n'enlever que la moitié du carbone, il faudrait, pour l'oxydation de ces divers éléments, sur un poids de fonte de 705,7 kil., (charge des trois dernières opérations), les quantités d'oxygène que voici :

Pour 3 p. 100 ou 21^k,17 de silicium. . . . . 22^k,87 d'oxygène

— 1,275 ou 9 ,00 de phosphore. . . . . 11 ,45

— 0, 10 ou 0 ,71 de soufre. . . . . 0 ,71

— 1, 50 ou 10 ,59 de carbone. . . . . 14 ,12

                    Total. . . . . 49^k,15 d'oxygène

En admettant que l'acide nitrique cède tout son oxygène, ces $49^k.15$, eussent exigé 103 kil. de nitrate de soude ; or on en a pris au maximum $90^k.6$; l'épuration ne pouvait donc être complète et cela d'autant moins que l'acide nitrique n'est pas réduit en entier, et que le fer, le manganèse et d'autres éléments absorbent pour le moins 5 kil. d'oxygène, ou 11 kil. de nitre, d'après la proportion des oxydes métalliques contenus dans les scories. A plus forte raison, ne doit-on pas s'étonner si le métal produit par les cinquième et sixième opérations retient encore de notables proportions de silicium et de phosphore, puisque le nitre chargé pesait 67 kil. seulement dans la cinquième opération, et 77 kil. dans la sixième.

Calculons, pour le métal de la cinquième opération, la quantité d'oxygène qu'il eût fallu employer pour achever l'affinage.

Le métal raffiné pesait 647 kil. ou, en y ajoutant les 5,2 p. 100 de grenailles des 114 kil. de scories, 653 kil. Or, en partant de l'analyse des cakes ci-dessus rapportée (page 50), les 653 kil. renferment :

0,0053 ou $3^k,46$ de silicium qui auraient demandé $3^k,75$ d'oxyg.

0,0092 ou 6 ,01 de phosphore. . . . .   7 ,69

0,0001 ou 0 ,06 de soufre. . . . .   0 ,06

Total. . . . . $11^k,50$

Et ces $11^k.50$ sont un minimum puisque le métal raffiné sortant du convertor est moins pur que les cakes. D'après cela, et en se rappelant que le sel alcalin n'est pas réduit complétement, on voit qu'il eût fallu augmenter la quantité de nitre de 30 à 35 kil., ce qui nous ramène à peu près au chiffre précédemment trouvé de 103 kil., et nous montre, en tous cas, qu'au lieu de 9,4 p. 100 de nitre, il eût fallu en employer 14 à 15 p. 100.

Il suit de là que l'affinage des fontes *siliceuses*, par le procédé Heaton, serait trop coûteux et qu'il faut, en tous cas, se borner à traiter ainsi les *fontes blanches*, dont le prix de revient est, d'ailleurs, comme on sait, moins élevé que celui des fontes grises.

17. Voyons maintenant, d'après les analyses, ce que deviennent, dans le convertor, la soude du nitre et le phosphore des fontes. Si nous connaissions le poids exact des scories, et si elles étaient homogènes, aussi bien que les cakes, nous pourrions calculer, en partant des analyses, les quantités d'acide phosphorique et de soude qu'emportent les scories, et comparer ce poids aux éléments fournis par la fonte et le nitre. Cela est possible, d'une façon approximative, en ce qui concerne les fontes de Hayanges. Cela est plus difficile pour les opérations où l'on a traité les fontes de Longwy; les scories qui en proviennent sont peu homogènes et peu *fluides*. Une partie notable adhère aux parois de l'appareil et ne peut être pesée.

Montrons d'abord ce que nous apprennent les scories de la cinquième opération.

Elles pèsent 114 kil. ou plutôt 108 kil., si nous en défalquons les 5,2 p. 100 de grenailles, trouvées dans l'échantillon analysé. Mais il est facile de voir que ce chiffre de 108 kil. est trop élevé, car les scories renfermeraient plus de soude que le nitre n'a pu en donner. Il en est de même des poids que l'expérience a donnés pour les scories des trois dernières opérations. La masse pesée retient certainement plus de grenailles que l'échantillon choisi pour l'analyse. Le calcul, au surplus, conduit au même résultat.

Comme les parois de l'appareil ne sont guère attaquées par le nitre, on peut évaluer approximativement le poids des scories, d'après la silice que donnent la fonte et le sable quartzeux mêlé au nitre.

Nous avons vu ci-dessus que les 706^k.8 de fonte, soumise à la cinquième opération, renferment 3 p. 100 de silicium

Soit. . . . . $21^k.20$
Les cakes en retiennent, d'après l'analyse citée. 3.46

La différence, soit. . . . . $17^k.74$
    représente le silicium cédé à la scorie.
Le poids de silice qui lui correspond est de. . . . . $36^k.96$
Il faut y ajouter la silice du sable quartzeux mêlé au nitre,
    soit les $0,9$ de $10^k,4$ (*). . . . . $9^k,36$

Ce qui donne pour la silice des scories. . . . . $46,32$

Et comme, d'après l'analyse, les scories tiennent $0,54$ de silice, on trouve finalement pour le poids des scories

$$46.32 \times \frac{100}{54} = 85 \text{ kil.}$$

Ce poids est même probablement encore trop élevé, parce que le silicium, retenu par le métal raffiné, est, en réalité, un peu plus considérable que celui que nous donne l'analyse des cakes.

Si nous admettons néanmoins ce chiffre, nous trouverons pour la soude, en partant de l'analyse, $0,29 \times 85 = 24^k,65$; d'autre part, comme 100 de nitre brut, donnent au maximum $34,7$ de soude, on voit que les 67 kil. de nitrate, dont on s'est servi dans cette opération, n'ont pu fournir que $23^k.25$ de soude. L'accord n'est donc pas complet, et cela doit provenir, comme je viens de le dire, de ce que le poids des scories ne doit guère dépasser, en réalité, 80 kil. Nous pouvons néanmoins conclure de là que peu de soude a dû échapper à l'action de la silice, qu'il s'en est peu perdu par volatilisation, ou sous forme de sodium dans le métal raffiné.

Appliquons le même calcul au phosphore :

La fonte traitée renferme. . . . . $9^k,01$ de phosphore
Les cakes en retiennent. . . . . $6,01$
Le poids enlevé au fer est de. . . . . $3^k,00$

(*) Je prends les 90 p. 100 du sable quartzeux, à cause des matières étrangères (fer, alumine, etc.) que renferme le sable.

qui auraient dû donner $6^k.80$ d'acide phosphorique. Or, d'après la teneur de 0,016, les 85 kil. de scories n'en renferment que $1^k,360$, c'est-à-dire, le *cinquième* seulement du phosphore abandonné par le fer ! L'écart est si grand, qu'il faut bien en conclure qu'en présence de l'excès de silice, la majeure partie du phosphore a dû se volatiliser, soit sous forme de phosphore libre, soit à l'état d'acide phosphoreux ou d'acide phosphorique.

Nous n'avons pas tous les éléments pour refaire ces calculs sur les sixième et huitième opérations. On peut toutefois constater que le poids des scories doit être compris entre 80 et 100 kil., que la soude s'y retrouve aussi presque en entier, tandis que le phosphore éliminé a disparu en majeure partie par volatilisation.

Si maintenant nous répétons ces calculs sur les scories peu *siliceuses* des fontes de Longwy, nous trouverons des résultats assez différents. Considérons en particulier la première opération.

Les 720^k de fonte soumise à cette opération renferment, comme on l'a vu, 0.009 de silicium, soit. . . . . $6^k,48$

Les cakes, à 0.0016, en retiennent. . . . . 1 .07

Reste, cédé à la scorie. . . . . $5^k.41$

qui correspondent à. . . . . 11 .27

de silice. Il faut y ajouter les 0.9 des 9 kilogrammes de sable, soit. . . . . 8 .10

d'où, total de la silice des scories. . . . . $19^k.37$.

Et, par suite, comme les scories renferment $0,31$ de silice, on a, pour poids de ces scories, $19,37 \times \dfrac{100}{31} = 62$ kil. Ce chiffre est de beaucoup supérieur aux 25 kil. fournis par l'expérience, mais j'ai déjà observé que ces scories *basiques sont très-pâteuses* et qu'il en reste figées, en notable proportion, contre les parois de l'appareil. D'un autre côté, le chiffre de 62 kil. est pourtant un peu élevé, par la raison, déjà indiquée, que le métal raffiné doit retenir plus de silicium que les cakes. On doit donc considérer ces 62 kil. comme un *maximum*; par suite, comme les scories, d'après l'analyse, renferment 0,304 de soude, nous aurons également, pour la base alcaline, un chiffre maximum, en multipliant les 62 kil. par 0,304, ce qui donne 18^k.85.

Or, d'autre part, les 68 kil. de nitre ont dû fournir le chiffre, plus élevé encore, de 23^k,60 de soude, preuve, à n'en pas douter, qu'une partie notable de la soude, mal retenue par la silice, a disparu, pendant l'opération, sous forme de vapeurs, ou a dû se combiner au fer à l'état de sodium.

Enfin, en ce qui concerne le phosphore, on trouve les résultats suivants :

Phosphore de la fonte.	10^k,22
Phosphore retenu par les cakes. . . .	4 ,29
Phosphore éliminé.	5^k,93,

poids qui correspond à 13^k,48 d'acide phosphorique. Or les 62 kil. de scories, à 0,158 d'acide phosphorique, en renferment 9^k.80, et ce chiffre aussi est plutôt un maximum. Ainsi les deux tiers au plus du phosphore sont réellement retenus par la scorie. Il y a, par suite, encore perte par volatilisation, mais elle n'est pas à beaucoup près aussi forte que dans le cas des fontes de Hayanges, où la soude, davantage liée par la silice, agit moins fortement sur l'acide phosphorique. Nous avons donc ici une nouvelle preuve de l'influence des scories siliceuses, sur les composés phosphorés aux températures élevées.

18. Ce qui précède nous permet d'étudier les réactions chimiques qui paraissent en jeu dans le convertor Heaton, et d'expliquer les phénomènes si divers qui s'y manifestent.

Lorsque la fonte arrive sur le nitre, celui-ci se décompose immédiatement; l'acide azotique est ramené surtout à l'état d'azote et de protoxyde d'azote, mais il se forme aussi un peu de deutoxyde, que l'on reconnaît aux vapeurs rutilantes qui s'échappent de l'appareil.

L'oxygène du nitre se porte de préférence sur le silicium; le phosphore et le soufre résistent davantage, le carbone encore plus; une partie du soufre passe dans la scorie à l'état de sulfure de sodium. Parmi les métaux, le manganèse et sans doute aussi les métaux terreux sont en grande partie oxydés; le fer est peu atteint, tant que le nitre n'est pas en excès.

Quant aux produits oxydés, on ne les retrouve qu'en partie dans les scories. Le carbone s'échappe sous forme d'oxyde de carbone; la scorie ne renferme pas trace de carbonate de soude. Le silicium, bien entendu, transformé en silice, est complétement retenu dans les scories par la soude et les autres bases. Le phosphore tient le milieu entre ces deux corps, tant sous le rapport de sa répartition parmi les produits oxydés qu'au point de vue de son oxydabilité propre. Une partie forme du phosphate de soude, une autre s'échappe sous forme de vapeurs plus ou moins oxydées. Les quantités relatives de phosphate et de vapeurs dépendent du degré de saturation de la soude par la silice, et probablement aussi de la température. Si l'on veut retenir l'acide phosphorique, il ne faut pas mêler au nitre du sable siliceux.

Mais l'acide azotique n'est pas seul réduit dans le convertor. Une partie de la soude se transforme en sodium au moment où l'alcali passe en filets minces au travers du bain de fonte. Le sulfure de sodium et le sodium même, que l'on trouve allié au fer dans le métal raffiné, ne peuvent à cet égard laisser le moindre doute. Mais on peut citer à l'appui quelques autres faits. Les jets de flamme jaune qui s'échappent du métal raffiné doivent provenir de vapeurs de sodium. La fumée noire, qui apparaît au sommet de l'appareil dès que les vapeurs ne sont pas enflammées, doit aussi, en grande partie du moins, se composer de sodium; je dis en grande partie, parce que la fumée noire fut surtout abondante dans les essais de la fonte de Longwy, d'où la soude, comme nous venons de le prouver, disparaît partiellement parce que les scories sont très-peu siliceuses. La fumée noire du convertor Heaton est de la vapeur condensée; c'est une poussière métallique comme la fumée ordinaire est de la poussière de carbone, et la vapeur d'eau condensée une poussière d'eau liquide. La fumée du convertor est nécessairement complexe; on doit y retrouver les composés phosphorés volatils, mêlés au sodium, et probablement aussi, comme dans l'appareil Bessemer, des particules ferreuses et manganésées; mais il n'en est pas moins évident que, de toutes ces substances, le sodium est certainement l'élément le plus abondant, dès que la soude n'est pas saturée par la silice. C'est ce qui distingue précisément les essais des fontes de Longwy des opérations faites sur les fontes grises de Hayanges. Dans ces dernières, la fumée noire fut peu abondante; les vapeurs rutilantes prédominaient; et le calcul vient de nous montrer que, dans ce cas, la soude est presque intégralement retenue par la silice, tandis qu'elle disparaît en partie lorsqu'on traite des fontes peu siliceuses.

Rappelons enfin, que la chaleur développée, pendant la réaction, dépend surtout, comme dans la cornue Bessemer, de la proportion de silicium que renferme la fonte. Les charges en nitre étaient les mêmes dans la première et la cinquième opération, ou même un peu supérieures dans la première (68 kil. contre 67 kil.). Eh bien! la chaleur fut beaucoup plus élevée dans la dernière; le métal raffiné, provenant de cet essai, était encore à demi fluide au bout d'une heure, tandis que le produit de la fonte de Longwy se trouvait figé en moins d'un quart d'heure. Or la seule différence entre les deux fontes est que l'une renferme 3, l'autre seulement 0,9 p. 100 de silicium.

Lorsqu'au nitrate de soude on ajoute de la chaux, celle-ci aussi est partiellement réduite par la fonte comme la soude. Cela résulte de l'expérience dont a rendu compte M. le Dr Miller, de Londres, dans son rapport du 14 octobre 1868.

L'essai dont il a analysé les produits provient de l'affinage d'un mélange, par portions égales, de fontes n° 4 de Clay-Lane et de Stanton, résultant l'une et l'autre de minerais oolitiques du lias supérieur. La charge en fonte était pareille à celles des opérations précédentes, mais le creuset reçut :

169 lb de nitrate de soude

40 lb de sable siliceux

et 20 lb de chaux éteinte à l'air.

Il en est résulté des scories pâteuses, plus difficiles à séparer du métal raffiné que celles des opérations ordinaires.

L'analyse a donné à M. le Dr Miller les résultats suivants :

ÉLÉMENTS DOSÉS.	FONTE REFONDUE, dans le cubilot.	MÉTAL RAFFINÉ.
Carbone	0,02830	0,01800
Silicium	0,02950	0,00266
Phosphore	0,01455	0,00298
Soufre	0,00133	0,00018
Arsenic	0,00041	0,00039
Manganèse	0,00318	0,00090
Calcium	»	0,00319
Sodium	»	0,00144

Le métal raffiné renferme, par suite, à la fois du sodium et du calcium ; seulement, il convient de rappeler de nouveau à ce sujet que, dans le métal raffiné, on trouve toujours un peu de scorie et qu'une partie du calcium et du sodium devraient figurer ici comme silicates de chaux et de soude.

M. le Dr Miller n'a pas analysé l'acier fondu préparé avec les cakes ; mais les échantillons furent essayés par traction, dans les ateliers de M. Kirkaldy, comme les produits des fontes de la Moselle.

M. R. Mallet donne, comme moyennes des résultats obtenus en août et septembre 1868, les chiffres suivants : charge de rupture par pouce carré anglais de la section primitive, $41^{ton},73$, soit $65^k,68$ par millimètre carré, avec un allongement de 7,20 p. 100.

D'autres expériences, faites plus tard sur des aciers provenant des fontes anglaises d'origines diverses, ont donné les résultats suivants :

ORIGINE DES ACIERS.	CHARGE opérant la rupture		ALLONGEMENT de la barre en centièmes de la longueur primitive.
	en tonnes par pouce carré anglais	en kilogrammes par millimètre carré	
	de la section primitive.		
Acier fondu préparé avec de la fonte n° 3 de Dowlais et 10 p. 100 de nitre.	tonnes. 42,2	kilog. 66,00	1,4
Acier fondu préparé avec de la fonte n° 4 de Middlesboró.	47,1	74,00	6,3
Acier fondu préparé avec de la fonte n° 2 de Glengarnock (Écosse).	41,1	65,00	6,3
Acier fondu préparé avec de la fonte d'hématite de Workington et 7 1/2 p. 100 de nitre.	48,4	76,00	2,7

On voit, en comparant ces chiffres au tableau des aciers de Suède et de Neuberg (page 45), que l'allongement est faible eu égard aux charges de rupture, et que, par suite, tous ces aciers, comme ceux de la Moselle, pèchent par défaut de résistance vive.

Il nous reste à examiner, au point de vue chimique, les produits marchands du métal raffiné, c'est-à-dire le *fer doux* et l'*acier*. Le fer doux, je l'ai déjà dit, offre peu d'intérêt au point de vue partique, parce que l'affinage Heaton est trop coûteux pour un pareil produit. Par ce motif, je me uis ' orné à soumettre à l'analyse deux échantillons.

19. *Fer laminé.*—J'ai analysé les deux barres n°⁵ 1 et 2 de la première opération. (Voir le tableau de la page 32). On a suivi le même marche que pour les cakes, et en opérant aussi sur 10 grammes. Voici les résultats trouvés :

ÉLÉMENTS CHERCHÉS.	BARRE PLATE de Longwy n° 1 obtenue directement, sans paquetage, avec du métal de la première opération.	BARRE PLATE de Longwy n° 2 obtenue, après paquetage, avec du métal de la première opération.
Silicium.	0,0023	0,0021
Phosphore.	0,0022	0,0016
Soufre.	au plus 0,0002	au plus 0,0002
Carbone.	0,0006	0,0008

En comparant ces chiffres à l'analyse des cakes de la première opération, on voit que l'épuration a fait des progrès, sauf en ce qui concerne le silicium. Le phosphore est descendu de 0,0064 à 0,0022 et 0,0016 ; le soufre de 0,0009 à 0,0002, et le carbone de 0,012 à 0,0006 et 0,0008. Le silicium semble au contraire avoir augmenté. Mais, à ce sujet, il importe de remarquer que la moitié au moins du chiffre qui figure ici comme silicium provient de la scorie mêlée au fer, en sorte qu'en réalité l'affinage a fait aussi des progrès sous ce rapport. Néanmoins le fer est encore impur, et surtout, comme on l'a déjà dit, il a été *brûlé* par les ouvriers. Il contient trop peu de carbone, tout en retenant beaucoup de phosphore : ce qui explique le faible allongement de 7 p. 100 qu'il éprouve avant de se rompre. Le paquetage n'a d'ailleurs produit, au point de vue de la pureté chimique comme au point de vue de la résistance vive, qu'une amélioration assez faible.

M. le D⁻ Miller a analysé le fer doux, préparé avec le métal raffiné de Clay-Lane et de Stanton ci-dessus mentionné ; il y a trouvé les éléments suivants :

Carbone. 0,00993
Silicium. 0,00149
Phosphore. 0,00292
Soufre. . . . . traces.
Arsenic. 0,00024
Manganèse. 0,00088
Calcium. 0,00310
Sodium. . . . . traces.

Le fer n'est pas brûlé, il semble même fortement carburé, mais par cela même l'épuration a fait moins de progrès que dans le cas du fer de Longwy. La proportion de phosphore n'a presque pas diminué.

20. *Lingots d'acier.* — Pour l'analyse des lingots d'acier, j'ai suivi la même marche que pour les fontes, les fers et les cakes, de façon à obtenir des résultats comparables. Quatre lingots furent ainsi analysés. Voici les chiffres auxquels je suis arrivé :

ÉLÉMENTS CHERCHÉS.	LINGOT de l'opération n° 2.	LINGOT de l'opération n° 3.	LINGOT de l'opération n° 6.	LINGOT de l'opération n° 8.
Silicium.	0,0014	0,0018	0,0021	0,0017
Phosphore.	0,0038	0,0025	0,0034	0,0050
Soufre.	0,0003	0.0005	traces	0,0003
Carbone.	0,0036	0,0055	0,0035	0,0062

En comparant ces chiffres aux analyses des cakes (p. 50), on voit de suite que l'épuration a fait des progrès, soit par l'atmosphère plus ou moins oxydante des creusets, soit par l'addition du fer doux et de la fonte miroitante. La teneur en phosphore a surtout diminué, quoique d'une façon assez inégale. Dans le lingot de la deuxième opération, elle est descendue de 0,0059 à 0,0038, tandis que le silicium est resté stationnaire. Dans le lingot de la sixième opération, j'ai trouvé pour le phosphore 0,0034, au lieu de 0,0078, et pour le silicium 0,0021, au lieu de 0,0045. Cet écart plus grand provient en partie de la proportion plus forte de fer doux ajouté aux cakes dans ce dernier cas. On a pris 14 lb de fer pour 34 lb de cake, tandis que dans la deuxième opération, la proportion était de 12 sur 33. Cependant cette différence de charge ne suffit pas pour expliquer complétement la moindre teneur en phosphore du n° 6. Il y a là anomalie évidente, due probablement, comme je l'ai déjà dit, au défaut d'homogénéité des cakes. L'anomalie est plus grande encore entre les aciers des n°ˢ 2 et 3. Les cakes de la troisième opération ont été obtenus avec moins de nitre que ceux de la seconde, et cependant nous trouvons dans le lingot n° 3 moins de phosphore que dans le n° 2 ; par contre il renferme bien, comme on devait s'y attendre, plus de silicium et de carbone.

En tous cas, il ressort de l'ensemble de ces analyses que les lingots provenant des fontes blanches, comme nous l'avons déjà prouvé pour les cakes, sont mieux affinés que ceux des fontes grises. Et ce résultat général des analyses concorde, soit avec les résistances rapportées à la section de rupture, soit avec le degré d'allongement qu'éprouvent les barres avant de se rompre. Lorsque nous comparons, d'après le tableau des charges de rupture (page 43), les aciers d'égal degré de carburation, provenant de fontes différentes, nous trouvons que l'acier peu carburé de la seconde opération s'allonge de 12,5 p. 100 tandis que les barres de la sixième opération, dont la grosseur est double il est vrai, s'allongent à peine de 1,3 p. 100. De même l'acier de la huitième opération s'allonge moins que celui de la troisième.

En résumé, on voit que l'acier en lingots, préparé dans les conditions ci-dessus indiquées, renferme :

0,0025 à 0,0038 de phosphore
et 0,0014 à 0,00018 de silicium,

lorsqu'on affine les fontes blanches de Longwy, et

0,0034 à 0,0050 de phosphore
avec 0,0017 à 0,0021 de silicium,

lorsqu'on traite les fontes grises de Hayanges.

On peut d'ailleurs ajouter que tel doit être également le degré de pureté des aciers *étirés*, car le simple réchauffage au rouge faible, suivi d'un rapide martelage, ne saurait amener de changement sensible sous ce rapport. Le tableau suivant des teneurs en carbone, déterminées par la méthode Eggertz, suffit pour le prouver.

ORIGINE DES ACIERS.	CARBONE dans les lingots.	CARBONE dans les barres étirées.
Acier de la deuxième opération. . .	0,0036	0,0033
Acier de la troisième opération. . .	0,0053	0,0054
Acier de la cinquième opération. . .	0,0035	0,0032
Acier de la huitième opération. . . .	0,0062	0,0048

21. Il suit de là, en définitive, ainsi que cela a été constaté déjà à Königshütte (page 3), que 0,003 à 0,005 de phosphore ne s'opposent pas au travail de l'acier fondu ou du fer homogène à chaud ; seulement ce métal, dont la résistance à la traction *lente* est souvent aussi grande que celle des bons aciers, manque en réalité de *corps*. Il est aigre ou sec, il ne possède pas la *résistance vive* des bons aciers.

Faut-il en conclure que le procédé Heaton n'a aucune valeur, que son application semble ne devoir offrir aucun avantage ? Telle n'est pas ma conclusion. Sans doute on ne peut espérer obtenir, par ce moyen, des aciers supérieurs. Laissons cette spécialité aux minerais non phosphoreux tels que les fers spathiques et les fers oxydulés magnétiques. Mais, d'autre part, n'employons pas les minerais rares et chers pour les rails. Que ferait-on, je le demande, des minerais communs ?

L'affinage au nitre enlève le phosphore, au moins en partie, et mieux encore le silicium et le soufre. Le degré d'épuration dépend des proportions de nitre ; c'est une question de frais. Il s'agit de savoir si, en affinant ainsi les fontes blanches de forge provenant de minerais communs, on peut obtenir un métal suffisamment tenace pour les rails et les fers à plancher, et dont le prix de revient soit d'ailleurs inférieur aux rails Bessemer actuels. Les expériences citées ne suffisent pas pour répondre catégoriquement à la première question, celle du travail résistant des barres. Aux essais de traction, il faudrait substituer des essais par le choc, ou, mieux encore, des essais de flexion poussés jusqu'à la limite d'élasticité et pareils aux épreuves rapportées dans mon mémoire sur l'acier (pages 34 et suivantes). Il faudrait constater jusqu'à quelle dose de phosphore et de silicium on peut aller sans compromettre la résistance des rails. Ces expériences me paraissent importantes, et j'espère être bientôt en mesure de pouvoir m'en occuper.

En second lieu, il s'agit de montrer que l'emploi du nitre ne conduit pas à un prix de revient par trop élevé. Mais d'abord, il faut dire comment je comprends la mise en pratique du procédé Heaton. Le métal raffiné n'est pas de l'acier et encore au moins du fer homogène ; c'est une fonte simplement épurée, qui doit subir un nouveau traitement, pareil à l'affinage par réaction du four Martin-Siemens. Par suite, c'est aux fontes pures, que l'on traite au four Martin, qu'il convient de comparer le métal raffiné Heaton. Mais on a vu que, pour épurer les fontes par le procédé nouveau, il faudrait arriver aux doses de 10, 12 et 15 p. 100 de nitre. Ce serait, par tonne de métal raffiné, au prix actuel du nitrate, une dépense qui atteindrait, pour le nitre seul, 40 à 60 fr. ou en tous cas 25 à 37^f.50, si nous admettons que le prix du nitrate puisse descendre de 400 à 250 francs la tonne, ce qui paraît possible par une meilleure organisation de l'exploitation et par des moyens perfectionnés de transport depuis les mines jusqu'à la côte du Pacifique (*). Au reste,

____

(*) La possibilité de la mise en pratique du procédé Heaton dé-

même au taux de 250 à 300 francs, le prix de revient serait encore élevé si le phosphore et le silicium devaient être oxydés exclusivement par le nitre. Mais à cet égard il y a mieux à faire.

J'ai rappelé ci-dessus que le mazéage et le puddlage, en présence de scories basiques, enlèvent facilement à la fonte la majeure partie du silicium et du phosphore. Entre les deux moyens, il n'y a d'ailleurs pas à hésiter. Le mazéage mérite la préférence au point de vue des frais, et ce mazéage peut se faire à volonté au bas foyer ou au réverbère. Seulement il faut, dans les deux cas, des appareils *à parois métalliques refroidies et des scories fortement basiques*. On peut donc avoir recours au *feu de finerie anglais*, en se servant de cokes aussi purs que possible et en rendant les scories extra basiques par des additions répétées de minerais de fer ou de manganèse riches et purs. Ou bien, si l'on redoutait le contact d'un combustible sulfureux et réducteur, on pourrait se servir du *four à réverbère*, à courant d'air naturel ou soufflé, chauffé à la houille ou au gaz, système Siemens ou autre, n'importe (*). Mais, en tous cas, la condition *sine qua non* de succès, c'est de munir le four de parois en fonte convenablement refroidies, comme les fours *bouillants* de puddlage, et de garnir les parois à l'intérieur de riblons grillés ou de fer oxydé riche.

---

pend en grande partie du prix du nitrate. — Ce prix était d'environ 300 francs la tonne avant le tremblement de terre qui bouleversa les mines du Pérou l'année dernière. — Il est monté à 400 francs par suite de ces dégâts. — Les dépôts du nitrate de soude au Pérou et dans le nord du Chili sont fort étendus et encore inexploités en grande partie. — Une consommation plus considérable, loin de produire la hausse, semble plutôt devoir abaisser le prix de revient par le développement des exploitations et l'établissement de chemins de fer économiques du plateau vers la côte.

(*) Le four à sole pivotante de M. Samuelson, dont j'ai parlé au commencement de ce mémoire, remplirait également le but en question.

On a vu ci-dessus, par l'exemple du four Eck à Konigshütte, à quoi aboutit le mazéage sur sole en *sable*. Le phosphore se concentre dans le métal affiné, parce que les scories deviennent siliceuses. Il en est de même au four Martin dont le bassin est en sable. Le phosphore ne peut être enlevé à cause de la nature siliceuse des scories, et l'on ne peut, dans ce cas, les rendre basiques sans percer le four. Le sable et les briques sont rapidement fondus par l'oxyde de fer. Mais ce qui ne peut se faire dans un réverbère ordinaire réussit dans un four à parois métalliques refroidies, disposé à la façon des fours *bouillants*. La fonte y serait fondue, ou plutôt, y arriverait fondue du creuset des hauts fourneaux. Là elle serait mazée entre une sole en oxyde de fer et une couverte de scories ferrugineuses, maintenues basiques par des additions répétées de minerai riche, et, au besoin, comme dans le four Eck, en faisant aussi intervenir des tuyères plongeantes à courant d'air forcé. L'opération serait arrêtée avant la décarburation; puis, pour achever l'épuration, le métal finé serait directement amené dans le convertor Heaton, où une faible dose de nitrate enlèverait facilement la presque totalité du silicium, du phosphore et du soufre restant. De là enfin le métal raffiné viendrait au four Martin, où le travail pour acier, ou fer homogène, serait finalement complété par voie de réaction.

2**2**. A cette occasion, je ne puis m'empêcher de remarquer que le procédé Martin ordinaire devrait être modifié de la même manière. Quel est le vice du procédé Martin? C'est son extrême lenteur dès que les fontes sont un peu siliceuses. Dans cette méthode, on obtient l'acier par voie de *réaction*, c'est-à-dire en mêlant simplement du fer doux à la fonte; mais si la fonte renferme du silicium, comment l'enlever, si ce n'est par oxydation? Et comment oxyder, sans attaquer les parois par les oxydes ajoutés? Dès que les fontes sont siliceuses, on procède par voie de fusion prolongée pour oxyder le silicium par l'action de l'air. Au lieu de chauffer les gueusets de fonte, dans un réverbère ordinaire, pour les fondre ensuite au four Martin, il vaudrait certainement mieux les mazer d'abord dans un four bouillant et les couler de là directement dans le four Martin pour y recevoir le fer doux.

23. Mais revenons au procédé Heaton pour le traitement des fontes inférieures. Voici, en résumé, la formule de traitement qui, à mon avis, permettrait son application, d'une façon utile, en vue de produire avec ces fontes un métal propre à donner des rails.

1° La fonte, ainsi que cela se pratique dans un certain nombre d'usines de pays de Galles (*), serait directement amenée du haut fourneau au feu de finerie, ou mieux encore, dans un four bouillant, pour y être mazée par le vent et l'oxyde de fer.

2° De là la fonte mazée coulerait dans le convertor Heaton, pour y subir l'action du nitre (**).

3° Enfin le métal, doublement raffiné, se rendrait directement, à l'état fluide ou solide, dans le four Martin-Siemens, pour y être transformé, par des additions de fer doux et de fonte spéculaire, en acier fondu peu carburé ou fer homogène. Ajoutons, que si l'on poussait l'affinage, dans le convertor, jusqu'à la décarburation proprement dite, le métal raffiné pourrait même être chargé au four Martin en remplacement du fer doux. Cela dépend du degré d'épuration auquel on sera parvenu.

On voit que, par ce mode de traitement, on mettrait en pratique le principe si fécond de l'affinage *progressif*, que je recommandais déjà, dans mon précédent mémoire sur l'acier (page 106), en vue du traitement des fontes impures.

Inutile d'ajouter que, si les fontes ne renfermaient que

(*) *État présent de la métallurgie du fer en Angleterre*, p. 489.
(**) On sait que dans quelques forges du pays de Galles, la fonte mazée se rend directement, pour être affinée au bois, dans un bas foyer comtois.

1 p. 100 de silicum et 1/4 à 1/3 p. 100 de phosphore, on pourrait alors supprimer le mazéage et amener directement la fonte du haut fourneau au convertor Heaton.

24. Il nous reste à montrer que les frais de ce double affinage ne seraient pas hors de proportion avec la valeur des produits que l'on peut en espérer.

Le déchet ordinaire du mazéage est de 8 à 10 p. 100; mais ce déchet peut être réduit si l'on ajoute à la fonte du minerai riche. Je le supposerai ramené à 5 p. 100. D'autre part, la consommation est, en Angleterre, de 200 à 250 kil. de coke par tonne de fine métal, lorsque la fonte vient directement des hauts fourneaux, et serait de 400 kil. de houille si l'on opérait de la même façon au réverbère. Quant à la main-d'œuvre et aux frais accessoires, ils varient, comme on le sait, entre 3 et 4 francs. D'après cela, en partant du prix actuel de la fonte de forge dans la Moselle, on aurait, par tonne de fonte mazée :

	francs.
1.050 kilog de fonte de forge à 60 francs.	63,00
250 kilog. de coke à 30 francs.	7,50
Main-d'œuvre et frais accessoires.	4,00
Total.	74,50

Au réverbère, on aurait 400 kil. de houille à 12 francs, soit 4,80 au lieu de 7,50 ; ce qui abaisserait le prix de la fonte mazée à 71,90, ou environ 72 francs. C'est le prix que nous admettrons, parce que le mazéage au réverbère est, en tous cas, plus efficace que la finage au foyer.

La fonte ainsi mazée éprouverait un faible déchet au convertor, puisque le silicium et le phosphore seraient déjà en grande partie éliminés. Nous pouvons admettre 5 p. 100 comme un maximum. Si nous supposons, d'autre part, que l'on ait à oxyder 0,003 à 0,004 de silicium, autant de phosphore et de soufre, et environ 1 p. 100 de carbone, il faudra, par tonne de fonte mazée, 20 à 22 kil. d'oxygène, ce

qui suppose 5o kil. de nitrate. D'après cela les frais seraient :

francs.

Pour 1.o5o kilog. de fonte mazée à 72 francs. . .   75,6o
Pour 5o kilog. de nitrate à 4oo francs.   20,00
Main-d'œuvre et entretien de l'appareil au plus. .   4,oo
Total. 99,6o

Avec les frais généraux et les droits à payer pour le brevet, on arriverait ainsi finalement, pour les fontes raffinées,
au prix de revient maximum de 110 francs, chiffre qui des-
cendrait à 100 francs environ, si le prix du nitrate venait à
baisser à l'avenir, comme cela est probable, ou si le nitrate
pouvait être remplacé en partie par d'autres réactifs moins
chers. Or, on sait qu'en France les fontes, pour les procédés
Martin et Bessemer, coûtent en général 115 à 120 francs.
Il y aurait donc encore un certain avantage à soumettre la
fonte inférieure à l'action du nitre. Il reste à prouver par de
nouvelles expériences que les rails ainsi préparés jouiront
réellement, comme je le crois, d'une résistance vive suffisamment élevée.

25. Je viens de dire que le prix de revient des fontes raffinées pourrait être abaissé si l'on parvenait à remplacer une
partie du nitre par d'autres réactifs d'un prix moins élevé.
Entrons à ce sujet dans quelques détails.

On peut d'abord remplacer partiellement le nitrate par
le carbonate de soude. Ce dernier sel agit comme oxydant
par son acide carbonique qui se réduit en oxyde de carbone.
L'oxygène utile est de 15 p. 100 au lieu de 44. Mais la proportion de base, qui retient les acides, est de 58 au lieu de
34 p. o/o. A ce point de vue, il y aurait un certain avantage
à faire usage d'un mélange des deux sels. L'expérience
a été tentée, sur mon invitation, à l'usine d'essai de la
Villette. Au lieu de 10 p. 100 de nitrate, on a pris successi-
ment 9, 8, 7 p. 100 de nitrate avec 1, 2, 3 p. 100 de carbonate.
La marche de l'opération reste la même, mais la vivacité

des réactions est moindre, et le métal aussi paraît moins modifié. L'analyse du produit n'est pas encore achevée; je ne puis donc rien affirmer quant au résultat final, mais, en tous cas, l'opération n'est pas impossible (*).

Pour augmenter de nouveau la proportion d'oxygène, tout en réduisant les frais, j'ai fait ajouter aussi du peroxyde de maganèse, soit au nitrate seul, soit au mélange de nitrate et de carbonate. Ce réactif oxydant avait, du reste, déjà été essayé par M. Heaton à Langley-Mill. On y renonça parce que la chaleur développée n'est pas toujours suffisante pour fondre le protoxyde et qu'il se produit alors dans le creuset un magna pâteux de métal et de scorie fort peu homogène. L'oxygène dégagé est, en effet au maximum, de 18 p. 100, et parfois seulement de 12 à 15 p. 100. Malgré cela, l'opération réussit également lorsqu'on se contente de remplacer le tiers ou le quart de la charge en nitre par un poids égal de peroxyde. Il faut toutefois que le minerai soit finement broyé et intimement mêlé au nitre ou au mélange de nitre et de carbonate.

M. Heaton se servait, à l'origine, d'un mélange de nitre et de chaux éteinte. C'était le cas, en juillet 1868, lorsque M. le Dr Miller et M. R. Mallet se sont rendus à Langley-Mill pour y étudier le procédé nouveau. La chaux agit comme base forte, mais rend la scorie plus ou moins pâteuse. C'est un inconvénient. Si l'on veut arriver à couler directement le métal raffiné du convertor dans un réverbère Siemens, il faut avoir, au contraire, des silicates fluides afin que le métal se sépare des scories. On atteint ce but en remplaçant la chaux par du spath-fluor, ainsi que M. Heaton vient de le constater lui-même, il y a peu de semaines à Langley-Mill. Je crains seulement que ce fluorure n'introduise parfois dans le métal raffiné un peu de soufre, à

(*) Il faut seulement s'assurer que le carbonate ne renferme pas de sulfate de soude.

cause de la baryte sulfatée qui se trouve presque toujours associée au spath fluor.

On peut rendre les scories tout à fait fluides, sans avoir à redouter le même inconvénient, en mêlant au nitre du sel marin ordinaire. Les essais que je viens de faire tenter à l'usine de la Villette, prouvent l'efficacité du chlorure de sodium. Avec des mélanges de 7 à 10 p. 100 de nitre et 1 à 2 p. 100 de sel marin, les scories deviennent fluides comme de l'eau. L'opération marche comme à l'ordinaire, si ce n'est un abondant dégagement de vapeurs suffocantes. Le sel marin se volatilise en partie avec d'autres chlorures. Mais ces chlorures mêmes provoquent peut-être une certaine épuration du métal à affiner. C'est une question qui est encore à l'étude. En tous cas, 1 à 2 p. 100 de sel marin seront toujours fort utiles pour accroître la fluidité des scories du convertor.

On voit, en résumé, qu'il y a là encore des recherches à faire et qu'au nitre il peut y avoir convenance à ajouter d'autres réactifs, soit comme fondants, soit comme oxydants.

26. Il me reste à parler d'un dernier point, de la disposition de l'appareil lui-même. Le convertor est fort simple. La fonte peut y être amenée facilement, soit par un conduit spécial, soit par un chaudron de coulée, suspendu à une grue, ou placé sur un chariot roulant sur rails. Ce qui est plus embarrassant, dans le cas du moins où l'on voudrait opérer sur de grandes masses, c'est la manœuvre et la mise en place du creuset. Mais, ici encore, un petit chemin de fer, passant sous le convertor, permettrait le transport à l'aide d'un chariot, et au lieu de fixer le creuset au convertor au moyen de crampons, on pourrait installer un élévateur hydraulique qui viendrait presser de bas en haut le creuset contre la cuve fixe. — L'opération terminée, le creuset serait transporté de la même façon, avec sa charge, au réverbère Siemens, où le traitement pour acier devra être achevé.

Arrivé au terme de cette longue étude, je crois devoir en résumer les principaux résultats.

27. *Conclusions.* — Le procédé Heaton ne saurait, à aucun point de vue, remplacer les procédés Martin ou Bessemer. Ceux-ci préparent, avec des fontes *pures*, des lingots d'acier ou de fer homogène. L'appareil Heaton s'attaque aux fontes *impures*, et cherche à les transformer en une sorte de *fine-métal*, plus ou moins épuré, dont le traitement pourra être achevé au réverbère Siemens. Il a pour but de conserver aux minerais communs la place que tendent à usurper, depuis quelque temps, les minerais *purs*. A ceux-ci, les fers et les aciers pour essieux, bandages de roue, canons de gros calibre, plaques de blindage, etc. Aux minerais *communs*, les rails et barres ordinaires en fer homogène plus ou moins dur.

L'épuration est basée sur l'emploi du nitrate de soude venant du Pérou. L'appareil est simple, ingénieux, fort peu coûteux. Le travail est rapide, facile à conduire, sans chances d'explosion.

L'affinage par le nitre procède comme les méthodes ordinaires fondées sur l'emploi de l'air ou des oxydes métalliques. Le silicium et le manganèse sont oxydés d'abord, le phosphore et le soufre sont enlevés ensuite, le carbone est éliminé le dernier.

Le degré d'épuration dépend, bien entendu, de la proportion de nitre. Toutefois, même en allant jusqu'à des doses de 12 à 15 p. 100, on ne doit guère pouvoir réaliser l'épuration absolue.

Pour réduire les frais, il faut opérer sur des fontes *peu siliceuses* et substituer, le plus souvent, aux fontes *brutes* les fontes *mazées*. Le mazéage doit avoir pour but l'élimination préalable de la majeure partie du phosphore et du silicium. On devra le pratiquer au bas foyer, ou mieux dans un réverbère; en tout cas, dans un appareil à parois de fonte convenablement refroidies, et avec le concours de riblons grillés ou d'oxydes de fer naturels, de façon à laisser la fonte toujours exposée à l'action de scories fortement basiques. On devrait d'ailleurs mazer même les fontes pures, siliceuses, que l'on cherche à transformer directement en acier fondu par le procédé Siemens-Martin.

Les fontes de la Moselle furent épurées, à Langley-Mill, sans mazéage préalable et avec une proportion de nitre insuffisante. Il en est résulté un métal raffiné, retenant encore, dans le cas le plus favorable, jusqu'à 0,005 de phosphore, 0,0014 de silicium et 0,012 de carbone. Ce métal a été transformé, partie en fer doux par puddlage rapide, partie en acier fondu par voie de réaction dans des creusets. Ni l'un ni l'autre de ces modes de traitement n'est économique. La seule voie qui puisse offrir des avantages est la refonte du métal dans un four Siemens, pour fer homogène ou acier peu carburé, selon la méthode de M. P. Martin.

L'acier fondu, préparé au creuset avec le métal *insuffisamment* raffiné des fontes de la Moselle, retient encore 0,002 à 0,004 de phosphore, 0,0014 à 0,0018 de silicium, 0,003 à 0,004 de carbone et des traces de soufre. Malgré cela, cet acier se travaille sans difficultés à chaud et supporte bien les essais par traction lente; mais il s'allonge peu, et ne semble pas posséder, par ce motif, une résistance vive suffisamment élevée.

En modifiant le traitement, d'après la formule que je viens de rappeler, les résultats seraient probablement différents. Toutefois de nouveaux essais sont nécessaires avant de pouvoir se prononcer d'une façon certaine sur la résistance vive des barres ainsi préparées, et, d'autre part, il est positif que le procédé Heaton, convenablement appliqué, semble réaliser, mieux que tout autre méthode connue, l'épuration des fontes ordinaires. On ne saurait pourtant affirmer dès maintenant que cette épuration ne laisse plus rien à désirer.

NOTICE

SUR

QUELQUES PROCÉDÉS NOUVEAUX

FABRICATION DE FONTE, FER ET ACIER

PAR M. L. GRUNER.

---

1. Les travaux de Chenot et de M. Bessemer ont provoqué dans les forges de nombreux essais qui tous ont pour but de modifier, d'une façon plus ou moins complète, le travail du fer.

Je me propose, dans cette courte notice, de les passer rapidement en revue, ou d'en signaler du moins les traits les plus saillants.

Je citerai en premier lieu les travaux de MM. Siemens frères de Birmingham.

On connaît leur four à chaleur régénérée. Outre les avantages bien connus des fours à gaz, il offre celui de températures extrêmement élevées, que l'on réalise en chauffant les gaz carburés, aussi bien que l'air qui doit les brûler, avec la chaleur perdue des produits de la combustion.

Dans les forges à fer, on se sert de ces fours pour le puddlage (*), le corroyage, la fusion de l'acier, le chauf-

---

(*) Plusieurs forges adoptent le four Siemens pour le puddlage des fontes. Les usines de M. de Wendel sont dans ce cas. Comme four à gaz, il y a économie; le déchet aussi est moindre, parce qu'on peut modifier à volonté et instantanément l'atmosphère du four.

fage du vent, etc. Mais on apprécie surtout les avantages du four Siemens dans les usines qui préparent l'acier, au réverbère, suivant la méthode de M. Martin de Sireuil.

Nous donnons Pl. III, *fig.* 1 à 5, les plans du four Martin ordinaire, que je n'avais pu joindre à mon mémoire sur l'acier. On voit qu'il se compose d'un four ovale, dont la sole en sable est supportée par des plaques en fonte, convenablement refroidies par la vapeur ou l'air. Sous la sole se trouvent les quatre chambres à briques, deux pour l'air, et deux pour le gaz. Le générateur, qui n'est pas figuré, est à gradins comme celui du sytème Boëtius, représenté Pl. III, *fig.* 6. Entre la cheminée et le four se trouvent les deux valves et les deux clapets, qui permettent de renverser périodiquement le courant des gaz et des produits de la combustion. Le four est à une seule porte, placée dans le milieu de l'une des parois longitudinales. Du côté opposé se trouve le trou de coulée qui aboutit à un chenal, amenant l'acier fondu dans les lingotières. Celles-ci sont placées sur un long chariot à crémaillère qui permet de les amener toutes successivement sous l'extrémité du chenal de coulée. La sole est concave, à la façon de tout four de fusion, avec pente légère vers le milieu de la face de coulée. La couche de sable réfractaire n'a pas au delà de $0^m,15$ d'épaisseur, et la distance de la voûte au bain métallique est de $0^m,30$. La sole a 3 mètres de longueur sur $1^m,60$ de largeur maximum. Chacune des chambres à briques mesure 2 mètres cubes. Les charges du fourneau sont de trois tonnes.

L'acier Martin s'obtient en dissolvant le fer doux dans la fonte pure et en opérant l'affinage par le contact de l'air. Le plus souvent on ajoute le fer doux en paquets, ou morceaux de faible longueur, préalablement

Mais il faut renoncer aux chaudières à vapeur, placées à la suite des fours ordinaires. C'est un inconvénient que ne présentent pas les réverbères chauffés par le gazogène *Boëtius* (Pl. III, fig. 6 à 9), dont je dirai quelques mots dans cette notice même.

chauffés dans un réverbère spécial. M. Siemens a cherché à
éviter le découpage et le réchauffage isolé des barres en
disposant, le long de la face opposée à celle de la coulée,
trois manchons inclinés en terre réfractaire, par lesquels
on peut charger de longues barres, telles que de vieux rails.
Le pied des barres baigne dans la fonte fondue, et s'y dissout graduellement; elles descendent ainsi d'elles-mêmes,
tandis que le haut s'échauffe peu à peu, grâce au faible jet
de flamme qu'on laisse échapper par l'orifice supérieur, in-
complétement fermé, des manchons. Le reste du four diffère
peu de celui de M. Martin. Il est représenté Pl. 1, *fig.* 1 à 4.
Les différences me paraissent d'ailleurs peu justifiées. Outre
les manchons et le trou de culée, le four est pourvu de six
portes, trois pour les réparations de la sole, dans la face
de coulée, et trois plus petites pour le chargement de la
fonte, dans la face opposée. C'est trop pour un four qui doit
être amené à la chaleur de fusion du fer doux.

   L'affinage de la fonte se fait en général par l'air seul, comme
chez M. Martin, et au fond le travail est le même. Cependant M. Siemens, dans un mémoire lu à la société chimique de Londres le 7 mai 1868, parle d'essais faits avec
divers agents oxydants, tels que la litharge et les nitrates, chromates, stannates, titanates de soude ou de
potasse, etc., tous plus ou moins propres à enlever les
substances nuisibles que pourraient contenir la fonte et le
vieux fer. La plupart de ces réactifs sont énergiques, et
pourtant je crois peu à leur efficacité lorsqu'on les emploie
dans les conditions que je viens de formuler. Je dois rappeler
ce que j'ai dit à ce sujet dans mon mémoire sur le procédé
Heaton. Les réactifs alcalins agissent peu au réverbère
parce qu'ils restent à la surface du bain et se volatilisent
rapidement; de plus, ils attaquent les parois du four,
lorsqu'on les emploie à hautes doses. Il vaudrait mieux
épurer d'abord la fonte dans le convertor Heaton, et ne l'a-
mener qu'épurée au réverbère Siemens.

2. *Four de réduction de M. Siemens.* — Au lieu de fer doux, on peut faire réagir sur la fonte des *éponges* de fer, ou du *minerai plus ou moins réduit.* M. Siemens a essayé, dans ce but, divers appareils. L'un d'eux ressemble au four dont je viens de parler. Au lieu de manchons à faible section, pour le passage des barres de fer, on peut installer des moufles plus larges, que l'on charge d'un mélange de minerai et de charbon. C'est le système Chenot ou Renton appliqué au four de fusion pour acier. Malheureusement les moufles ne résistent guère à ces températures élevées. Le minerai forme des silicates et perce les moufles avant que la réduction ne soit achevée. Si, au contraire, on veut employer des éponges déjà réduites, il vaut mieux alors, ce me semble, les préparer à part en se servant de cornues verticales, pareilles à celles que Chenot père avait jadis installées à l'usine de Baracaldo, près Bilbao, et à Hautmont près de Maubeuge (*). C'est une sorte de four Appolt, chauffé au rouge par des foyers spéciaux, et dont les cornues, au lieu d'être remplies de houille menue, reçoivent un mélange de minerai pur et de fraisil de charbon de bois ou d'anthracite.

3. *Four nouveau de M. Siemens.*—M. Siemens a enfin imaginé un appareil plus compliqué qu'il a récemment installé dans son usine de Swansea. C'est celui qui est représenté Pl. II, *fig.* 1 à 5. Je dois le dessin à l'obligeance de M. Boistel, agent de M. Siemens à Paris. Le réverbère de fusion est surmonté d'une cornue presque horizontale, ou faiblement inclinée, à laquelle on peut imprimer un mouvement de rotation fort lent autour de son axe. La cornue se compose d'un cylindre en forte tôle, garni à l'intérieur d'un revêtement en briques creuses réfractaires, au travers desquelles on fait circuler, soit une partie des flammes du réverbère de fusion, soit un double courant de gaz et d'air qui permet

---

(*) Voir la description de ces fours dans la revue de Liége. M. Mussy vient d'en parler aussi dans son récent mémoire sur Vicdessos.

de chauffer les parois au rouge. La cornue elle-même reçoit,
à l'aide d'une trémie fixe, la charge de minerai et de charbon, etl'on y fait passer en outre, pour hâter la réduction,
un courant d'oxyde de carbone venant du gazogène. Le minerai réduit tombe, d'une façon plus ou moins continue, de
l'extrémité de la cornue dans le bain du four. C'est, comme
on voit, bien compliqué, et, pour peu que la réduction soit
incomplète, ce qui en tout cas est dificile à régler, on fournit au four un excès d'éléments oxydés qui doivent rapidement en corroder les parois. A mon avis, il y a plus d'inconvénients que d'avantages à vouloir réaliser ainsi, dans un
même appareil, deux réactions directement opposées. C'est
contraire au principe, si fécond en industrie, de la division
du travail.

4. *Four de M. Chenot fils.* — Je ferai le même reproche
au petit haut fourneau de la Ramade (Ariége) que M. Mussy
vient de faire connaître dans le dernier volume des *Annales
des mines* (page 344), et que MM. Chenot fils et de Héripon
ont établi, près de Rancié, pour la production de fers pareils
à ceux des forges catalanes. C'est un demi-haut fourneau, de
4 mètres à 4ᵐ,5o de hauteur, dont le creuset est mobile
comme celui de l'appareil Heaton. A mesure que la fonte se
produit dans l'ouvrage, on l'affine à l'aide de la tuyère inclinée qui fournit le vent au niveau du plan de jonction du
creuset mobile et de l'ouvrage fixe. On produit ainsi une
série de loupes, que l'on cingle, puis corroie au feu de
houille, à la façon ordinaire. Ici aussi la marche du four est
difficile à régler. Les loupes se suivent et ne se ressemblent
pas. De l'aveu même de M. Mussy (page 355), elles renferment souvent, à la fois, des parties douces ou crues, plus
ou moins aciéreuses.

5. *Appareil Sievier.* — Un appareil analogue, mais plus
sujet encore à critique, fut établi en 1865, à titre d'essai et
aux frais de S. M. l'empereur, aux forges de Guérigny, par
un inventeur anglais, M. Sievier. Le four se composait de

deux parties, comme celui de la Ramade : une cuve fixe et un creuset mobile, destiné aux loupes. Le bas de la cuve se termine par un ouvrage rétréci, à parois de fonte convenablement refroidies comme les tuyères à eau. Le gueulard du four est fermé et en communication avec un ventilateur aspirant. Le creuset mobile se place à quelques centimètres au-dessous de l'ouvrage fixe. C'est par l'espace annulaire, laissé libre entre deux, que l'air aspiré pénètre dans le four et y développe la chaleur nécessaire au traitement du fer. Le minerai, chargé à la façon ordinaire avec du coke, devait se réduire dans la cuve et entrer en fusion à l'entrée de l'ouvrage. L'inventeur espérait que les gouttes de fonte s'affineraient, sous l'influence de l'air aspiré, pendant leur rapide chute au travers de l'ouvrage, et arriveraient finalement dans le creuset sous forme de grumeaux de fer décarburé. Les défauts du système sautent aux yeux ; il me paraît superflu de les signaler. J'ajouterai seulement que, lors de sa mise en train, on a produit plus de scories que de fer et que tout l'appareil fut bientôt engorgé.

6. *Essais de M. Ponsard.* — Les travaux de MM. Martin et Siemens, sur la fabrication de l'acier fondu au réverbère, à l'aide de minerai plus ou moins réduit, ont conduit M. Ponsard, l'ancien directeur des usines de Follonica et Piombino, à tenter, au réverbère même, la réduction du minerai et sa transformation en fonte ou acier. Les essais se font, depuis quelques mois, à Paris, avenue de Suffren, aux abords du champ de Mars. M. Ponsard se sert du four Siemens. Au centre du réverbère se trouve un bassin pour la fonte ; à droite et à gauche, deux banquettes, légèrement inclinées vers le bassin central, supportent des moufles ou creusets verticaux, destinés au minerai. Les tubes traversent la voûte du four et se chargent par le haut, comme les cornues inclinées de M. Siemens. On les maintient constamment pleins. Vers le bas, un orifice latéral donne écoulement aux matières fondues qui de là se rendent directement dans le bassin central. La sole

est en *graphite*, comme celle du four à acier du commandant
Alexandre. C'est un mélange battu de graphite ordinaire et
de 3o p. 100 d'argile réfractaire. M. Ponsard se proposait
d'abord d'opérer la réduction du minerai et la carburation
du fer dans les moufles mêmes dont je viens de parler. On
les remplissait d'un mélange d'oxydes riches et de charbon
en excès. Tout allait bien tant que le four n'était pas trop
chaud. La réduction s'y faisait comme dans l'appareil
Chenot. Mais lorsqu'on élève la température jusqu'au point
de fusion de la fonte, alors le minerai, à demi réduit, se
transforme en silicates et corrode les moufles. L'opération ne peut plus alors être continue, puisque, une fois en
marche, il faut bien que le four soit toujours chauffé à blanc
pour la fusion de la fonte. Il fallut donc installer un four
spécial pour la réduction ; ce sont des cornues verticales,
système Chenot, d'où le minerai, transformé en éponges à
demi réduites, passe avec une nouvelle dose de charbon
dans les moufles du four de fusion. Si les éponges étaient
complétement réduites, les tubes seraient en réalité de
simples récipients pour les matières à fondre, et au fond,
on pourrait alors s'en passer. Il suffirait, dans ce cas, de
charger les éponges carburées sur les banquettes elles-
mêmes, sauf à maintenir l'atmosphère du four constamment
neutre ou légèrement réductive.

Mais comme la température est peu élevée dans le four de
réduction, il reste toujours un peu d'oxyde mêlé au métal.
Il faut donc conserver les tubes dans le four de fusion, et
ajouter encore du charbon au minerai partiellement réduit.
Dans ces conditions, on obtient sans peine de la fonte blanche,
et même de la fonte grise, lorsque la température est suffisamment élevée et la dose de charbon (anthracite) d'environ
15 p. 100. Cette fonte est peu chargée en matières étrangères
et peut se puddler facilement. Elle pourrait même être
transformée en acier fondu, soit directement en carburant
moins dans les tubes, soit par réaction, selon la méthode

de M. Martin. Reste la question des frais. M. Ponsard assure
pouvoir obtenir, avec les minerais riches de l'île d'Elbe ou
du Sommo-Rostro, environ 2,000 kil. de fonte par 24 heures, en ne consommant que 900 à 1000 kil. de houille, par
tonne de fonte, tant pour la réduction que pour la fusion.
Je ne conteste pas ces chiffres ; ils me paraissent
admissibles. Mais l'avantage résultant de cette faible consommation ne serait-il pas plus que compensé par l'entretien des appareils et l'élévation de la main-d'œuvre ?

M. Ponsard évalue, il est vrai, à douze jours la durée
moyenne d'un tube, ou à environ mille kil. la production de
la fonte par chaque tube. Mais, à cet égard, une expérience
plus prolongée est nécessaire pour pouvoir se prononcer.
Le four Siemens lui-même exige également des réparations fréquentes ; la sole, au contact des laitiers, devra
souvent être renouvelée. Malgré cela je ne veux pas con-
damner d'avance le système nouveau. Pour les cas ordinaires, c'est-à-dire pour les minerais communs, et lorsque
le coke ou le charbon de bois ne sont pas très-chers, le
système des hauts fourneaux ne me semble pas pouvoir être détrôné par ce procédé de réduction en vase
clos. Mais là où le coke et le charbon manquent, et
lorsque les minerais sont riches, fusibles et réductibles,
je ne crois pas le procédé impossible, si d'ailleurs on avait
à sa disposition des tourbes, des lignites, des houilles sèches,
ou même des déchets de bois. Ces combustibles inférieurs
ne peuvent être employés dans les hauts fourneaux, tandis
qu'ils peuvent alimenter les fours Siemens à l'aide d'un
gazogène. Ainsi M. Rinman vient de m'apprendre qu'à
Nora, à l'aide du gazogène *Lundin*, il est parvenu à
préparer l'acier fondu, par la méthode Martin, en ne faisant
usage que de sciure de bois de pin. A plus forte raison
le même conbustible, ou la tourbe ordinaire, pourrait facilement donner de la fonte par le système nouveau de
M. Ponsard.

7. *Procédé Ellershausen.* — Une question plus importante et plus grave, surtout au point de vue de l'hygiène et de la conservation des hommes, est celle de la suppression du puddlage. Les procédés Bessemer et Martin, pour les fontes pures, le mazéage et le procédé Heaton, pour les fontes ordinaires, ont déjà restreint le domaine du puddleur. D'autre part, le puddlage mécanique tend à rendre moins pénible le travail de l'ouvrier. Un nouveau pas vient d'être fait dans cette voie par un ingénieur allemand, M. Ellershausen, établi à Pittsburg, aux États-Unis. Le procédé consiste à mêler mécaniquement du minerai riche à la fonte en fusion, et à soumettre directement le mélange figé au corroyage ordinaire. Le procédé est pratiqué déjà dans plusieurs forges des environs de Pittsburg, et se trouve mis à l'essai, en ce moment même, à l'usine de Dowlais, dans le pays de Galles. Les détails dans lesquels je vais entrer sont en partie extraits d'un journal américain, le *New-York Semi-Weekly Times*, et en partie fournis par MM. Blair et Gillon, qui connaissent *de visu* le système en question. M. Gillon, professeur de métallurgie à l'école de Liége, a visité Dowlais, dans le courant de juin, et y a vu fonctionner l'appareil Ellershausen. M. Blair, ingénieur américain, parcourt l'Europe, en vue d'y installer le nouveau procédé pour le compte de l'inventeur.

Le procédé consiste à préparer des briquettes avec un mélange intime de fonte granulée et de minerai broyé. Cela rappelle, à quelques égards, le procédé d'affinage par granulation du baron de Rostaing; mais la proportion d'oxyde est plus forte dans les briquettes américaines et assure mieux l'épuration de la fonte.

L'appareil, à l'aide duquel on obtient le mélange, consiste en un grand anneau horizontal en fonte, soutenu par des galets, et recevant, à l'aide d'un pignon, un mouvement lent autour de son axe (Pl. III, fig. 10 à 12). Le diamètre extérieur atteint parfois 5 à 6 mètres et la vitesse de rotation est, au maximum, à la circonférence de 0^m.40 à

0^m.50 par seconde. L'anneau est cloisonné de façon à présenter une série de compartiments, ou de caissons contigus, dans lesquels coulent pêle-mêle le minerai et la fonte pour s'y mouler. A Dowlais, d'après les renseignements que m'a fournis M. Gillon, l'anneau a 4^m,80 de diamètre extérieur. Les caissons sont au nombre de soixante, et chacun d'eux mesure 0^m.60 dans le sens du rayon, 0^m,25 de largeur et 0^m,15 de profondeur. En cinq minutes l'anneau parcourt sept à huit tours.

Au-dessus de l'anneau, on fixe un bassin plat avec déversoir légèrement incliné qui conduit la fonte en nappe mince dans les moules de l'anneau cloisonné. Le bassin et le déversoir sont garnis d'argile à la façon des chaudrons de coulée des ateliers de moulage. La fonte y est amenée du haut fourneau, en filet régulier, pour qu'à chaque tour les compartiments reçoivent rigoureusement le même poids de fonte. A la fonte liquide on mêle, au moment de sa chute, une nappe de minerai broyé. Celui-ci sort, en courant continu, d'une trémie à fente mince et glisse le long d'un plan fortement incliné vers le jet de fonte. La fonte se trouve plus ou moins grenaillée par ce mélange, et se fige, en tout cas, immédiatement au fond des moules. A chaque passage d'un compartiment sous le déversoir, il se forme ainsi une briquette mince de fonte et de minerai d'au plus 0^k.01 d'épaisseur. Ces briquettes se superposent, à chaque tour de roue, sans se souder. Lorsque les moules sont à peu près pleins, on arrête le mouvement et l'on enlève les soixante pièces, toutes formées d'une série de plaquettes pareilles. On les porte au four de puddlage ou même, si tout va bien, au four de corroyage. A la chaleur blanche, le minerai réagit sur la fonte et l'on opère l'affinage ; les scories s'écoulent, et l'on peut de suite procéder au cinglage et laminage du paquet soudé. Si, par contre, la fonte est moins pure, ou le mélange peu intime, le métal fond en partie, ce qui oblige de procéder alors par voie de puddlage rapide et de faire des balles comme à l'ordinaire. Le procédé, comme on le voit, est assez difficile à régler, et le succès dépend en grande partie de la nature de la fonte et de celle du minerai. Il faut que le minerai soit aussi fin, aussi riche, aussi pur et aussi réductible que possible. Toute gangue peu fusible, l'alumine et la chaux en particulier, rend les scories pâteuses et réfractaires. Leur expulsion par simple corroyage et cinglage devient alors impossible ; il en résulte des fers pailleux et cassants. D'autre part, les minerais compactes et denses, comme les fers oxydulés, agissent difficilement sur la fonte. Il faut, au préalable, les griller ou calciner. Les meilleurs minerais pour ce mode d'affinage sont les hématites brunes manganésifères, qui conviennent aussi pour les foyers catalans. Ils sont à la fois faciles à réduire et à fondre.

En résumé, le procédé encore à l'essai à Dowlais, paraît être pratiqué, depuis quelques mois, d'une façon courante, aux environs de Pittsburg. En Amérique, où la main-d'œuvre est fort élevée, la méthode nouvelle doit certainement offrir des avantages, lorsque les fontes sont faciles à épurer et les minerais riches et fusibles. Mais lorsque les minerais sont peu riches et les fontes difficiles à affiner, l'épuration ne peut guère être complète. Il doit rester des crasses au milieu des barres. Toutefois, en mêlant ainsi du minerai à la fonte, on abrége au réverbère la période du brassage proprement dit, et l'on diminue le déchet de la fonte. La proportion de minerai est d'environ 30 p. 100; mais ce chiffre doit nécessairement varier avec sa nature et celle de la fonte.

8. *Four Boëtius.* — L'emploi des fours à gaz se répand de jour en jour dans les forges. On commence à apprécier les avantages de ces appareils qui permettent l'emploi des combustibles les plus inférieurs, tels que les tourbes, les lignites, les anthracites terreux, etc. On connaît en particulier, depuis l'Exposition de 1867, le four Lundin de Suède, dans lequel on peut brûler les combustibles les plus aqueux,

comme la sciure de bois et les tourbes. M. Vicaire en a fait ressortir les avantages dans un article récent (*), et nous venons de rappeler que M. Rinman est parvenu à fondre l'acier en combinant ce gazogène Lundin avec le générateur Siemens. Mais le four Siemens est coûteux et supprime du même coup les chaudières à vapeur à chaleur perdue. C'est ce qui me fait craindre que son emploi, dans les forges anglaises et pour le puddlage surtout, ne soit pas aussi utile qu'on pourrait le croire au premier abord.

Le four *Boëtius* me paraît devoir être préféré au régénérateur Siemens, lorsque les combustibles sont peu humides et que la chaleur perdue peut facilement être utilisée pour le chauffage des chaudières. Ce four est un gazogène à grille de mâchefer, dont les gaz sont immédiatement brûlés au moyen d'air, chauffé par les parois mêmes du gazogène. Il se compose d'une cuve prismatique, dont la base est formée par la grille, et dont le haut débouche directement dans le réverbère qu'il s'agit de chauffer. La cuve prismatique est entourée d'une série de carnaux, ou mieux, d'une enceinte étroite, et continue, comme les compartiments des fours Appolt. Cette enceinte sépare le gazogène du massif extérieur. L'air y pénètre par le bas, s'échauffe en montant, et rencontre le courant combustible dans le conduit même qui relie le gazogène au réverbère. Pour que les parois du gazogène puissent être minces, sans perdre de leur solidité — n'avoir par exemple pour épaisseur qu'une largeur de brique — il suffit de placer de distance en distance, en quinconces, comme dans les fours Appolt, des briques de liaison à la fois engagées dans le massif intérieur et l'enveloppe extérieure. Cette disposition fort simple offre tous les avantages des gazogènes ordinaires et présente, en outre, celui d'augmenter la température en chauffant l'air de combustion à l'aide de la chaleur perdue des gazogènes

---

(*) *Bulletin de la Société de l'industrie minérale*, t. XIII, p. 633.

mêmes. En augmentant ou diminuant l'accès de l'air, on peut rendre à volonté la flamme du réverbère plus ou moins oxydante ou réductive. Le four *Boëtius* offre, sur les chauffes ordinaires, une économie que l'on estime à 3o ou 35 p. 100. C'est le chiffre constaté dans plusieurs verreries et les fours à zinc de Viviez (Aveyron). Ce système si simple est d'une application moins coûteuse que le four Siemens, lorsque la température ne doit pas être poussée jusqu'à la fusion de l'acier, et que la chaleur perdue du réverbère trouve son emploi sous des chaudières à vapeur comme dans les fours de puddlage et de réchauffage.

La Pl. III, fig. 6 à 9, représente un gazogène Boëtius, pour four à réchauffer. Dans cet exemple, la face de chargement est libre et inclinée, comme dans les Siemens ordinaires ; les trois autres faces sont seules ici pourvues de carnaux à air. Les dimensions du générateur dépendent, comme toujours, de celles du réverbère qu'il s'agit de chauffer. Pour un four de réchauffage, la section transversale est à peu près celle d'une grille de réchauffage ordinaire, $0^m,75$ sur $0^m,90$; sa hauteur est de $1^m,80$ à 2 mètres. Dans l'exemple de la fig. (6 à 9), les carnaux à air débouchent par le pont et la voûte du four. Par contre, lorsque le générateur doit chauffer un four de galère, destiné à la fusion du verre ou au traitement de la calamine, l'air chaud arrive plutôt dans le conduit vertical qui amène les gaz combustibles au centre du four. Il y pénètre par une série de carnaux horizontaux, placés sous les banquettes mêmes, qui portent les pots à verre ou les moufles à zinc. Dans l'un et l'autre cas, on peut aisément régler la combustion par des registres, ou de simples briques, fermant plus ou moins les carnaux par où l'air extérieur est aspiré.

LÉGENDE DES PLANCHES.

Pl. I. *Fig.* 1 à 4. Four Siemens, pour la fusion de l'acier.

Fig. 3. Plan et coupe horizontale du four suivant MN de fig. (1).

Fig. 1. Coupe verticale suivant AB du plan.

Fig. 2. Élévation et coupe suivant EF de fig. (1).

Fig. 4. Élévation de la face de coulée.

$a, a, a.$ Portes pour le chargement de la fonte; celle de gauche est figurée fermée; les deux autres sont représentées ouvertes.

$b, b, b.$ Portes de la face de coulée pour les réparations de la sole.

$c, c; c.$ Manchons en terre réfractaire pour l'introduction des barres de fer.

$d.$ Trou de coulée.

$e, e.$ Chambre à briques pour la régénération de la chaleur.

$f, f.$ Plate-forme pour le chargement des manchons.

$g, g.$ Canaux d'écoulement servant tour à tour au gaz, ou à l'air et aux produits de la combustion.

$h.$ Soupape pour l'arrivée de l'air.

$i.$ Soupape pour l'arrivée du gaz.

$k.$ Tringles et leviers pour la manœuvre de la soupape i.

$l, l.$ Valves qui opèrent le renversement des courants gazeux.

$m, m.$ Tringles et leviers pour la manœuvre des valves.

$n.$ Registre réglant l'écoulement des produits de la combustion.

$p, p.$ Tringles et leviers pour la manœuvre du registre n.

$q, q.$ Portes des chambres à briques pour l'air.

$r, r.$ Portes des chambres à briques pour le gaz.

$s, s.$ Conduits pour les gaz combustibles.

$t, t.$ Conduits pour l'air comburant.

Pl. I. *Fig.* 5 à 9. Convertor Heaton.

Fig. 5. Élévation de l'appareil du côté de la tubulure de coulée, avec coupe du chapeau qui couvre la cheminée.

Fig. 6. Coupe verticale de l'appareil, par la tubulure de coulée.

Fig. 7. Coupe horizontale par GH.

Fig. 8. Élévation du chariot et du creuset mobile.

Fig. 9. Plan du chariot et du creuset mobile.

$a.$ Creuset du convertor.

b, b. Cuve du convertor.

c, c. Cheminée du convertor en tôle.

d, d. Chapeau couvrant la cheminée et godet pour retenir les matières projetées.

e, e. Tubulure de coulée.

f, f. Colonnes et poutres supportant le convertor à l'aide de cornières boulonnées.

h, h. Chariot pour le transport du creuset mobile.

Pl. II. *Fig.* 1 à 5. Four Siemens pour l'affinage de la fonte par du minerai de fer réduit.

Fig. 2. Plan du four.

Fig. 1. Coupe verticale par l'axe longitudinal du four.

Fig. 3. Coupe transversale du four et coupe longitudinale de la cornue de réduction.

Fig. 4 et 5. Coupes transversales des cornues de réduction.

a, a, a. Porte pour la réparation de la sole.

b, b. Porte de chargement de la fonte.

c. Trou de coulée.

d, d. Chambres à briques pour le chauffage de l'air.

e, e. Chambres à briques pour le chauffage des gaz.

f, f, Carnaux à gaz.

g, g. Carnaux à air.

h. Soupape à air.

i, Soupape pour le gaz.

k. Valve pour l'inversion du courant d'air.

l. Valve pour l'inversion du courant de gaz.

m. Registre pour l'écoulement de la fumée.

n. Canal conduisant à la cheminée.

p. Canal amenant les gaz combustibles.

q, q. Cornue mobile pour la réduction du minerai.

r, r. Trémie de chargement du minerai.

s, s. Conduit qui amène le minerai réduit dans le four de fusion.

t, t. Conduit qui amène le gaz réducteur.

u, u. Ouvreaux pour l'entrée de l'air qui doit être chauffé avant de brûler le gaz qui circule le long de l'espace annulaire intérieur.

v, v. Ouvreaux donnant passage à l'air comburant chauffé.

x, x Galets portant la cornue mobile.

y, y. Conduit qui amène à la cheminée les gaz brûlés qui ont chauffé la cornue.

Pl. III. *Fig.* 1 à 5. Four *Martin* pour acier fondu.

Fig. 1. Élévation de la face de coulée et du chariot à lingotières.

Fig. 2. Coupe transversale par le trou de coulée.

Fig. 3. Coupe longitudinale du four par la boîte

Fig. 4. Double plan, passant par le four lui-même et par les carnaux souterrains d'air, de gaz et de fumée.

Fig. 5. Coupe passant par les boîtes et les clapets à gaz et à air.

    a, a. Porte de chargement.

    b, b. Ouverture de coulée.

    c, c. Chambres à briques.

    d. Emplacement du clapet à air.

    e. Emplacement du clapet à gaz.

    f. Conduit à gaz venant du générateur.

    g. Conduit allant à la cheminée.

    m. Valve pour l'inversion du courant gazeux.

    n. Valve pour l'inversion du courant d'air.

    q, q. Manette et tringle pour la manœuvre de la valve à gaz.

    p. Manette pour la manœuvre de la valve à air.

    h, h, h. Carnaux pour le passage de l'air, du gaz et de la fumée.

    k, k. Chariot à lingotières.

Pl. III. *Fig.* 6 à 9. Générateur Boëtius pour four à réchauffer.

Fig. 7. Plan.

Fig. 6. Coupe longitudinale.

Fig. 8. Coupe verticale par le générateur et la grille.

Fig. 9. Coupe verticale par les carnaux à air du pont.

    a, a. Grille à mâchefer.

    b, b. Four à réchauffer.

    c, c. Orifice de chargement du combustible.

    m, m. Enceinte avec briques de liaison en quinconces pour le chauffage de l'air par la chaleur perdue des parois du générateur.

Pl. III. *Fig.* 10 à 12. Croquis de l'appareil *Ellershausen*.

Fig. 11. Plan de l'appareil.

Fig. 10. Coupe verticale de l'appareil suivant AB.

Fig. 12. Coupe par *ab*, montrant l'arrivée de la fonte et du minerai.

    c, c. Anneau à compartiments.

    d, d. Galets supportant l'anneau.

    e. Pignon qui met l'anneau en mouvement.

    f. Cheval d'arrivée de la fonte.

    g, g. Conduit qui amène la fonte dans les caissons de l'anneau.

    h, h. Trémie et plan incliné qui fournit le minerai.

TABLE DES MATIÈRES.

Paris. — Imprimerie de Cusset et Cⁱᵉ, rue Racine, 26.

MÉTALLURGIE

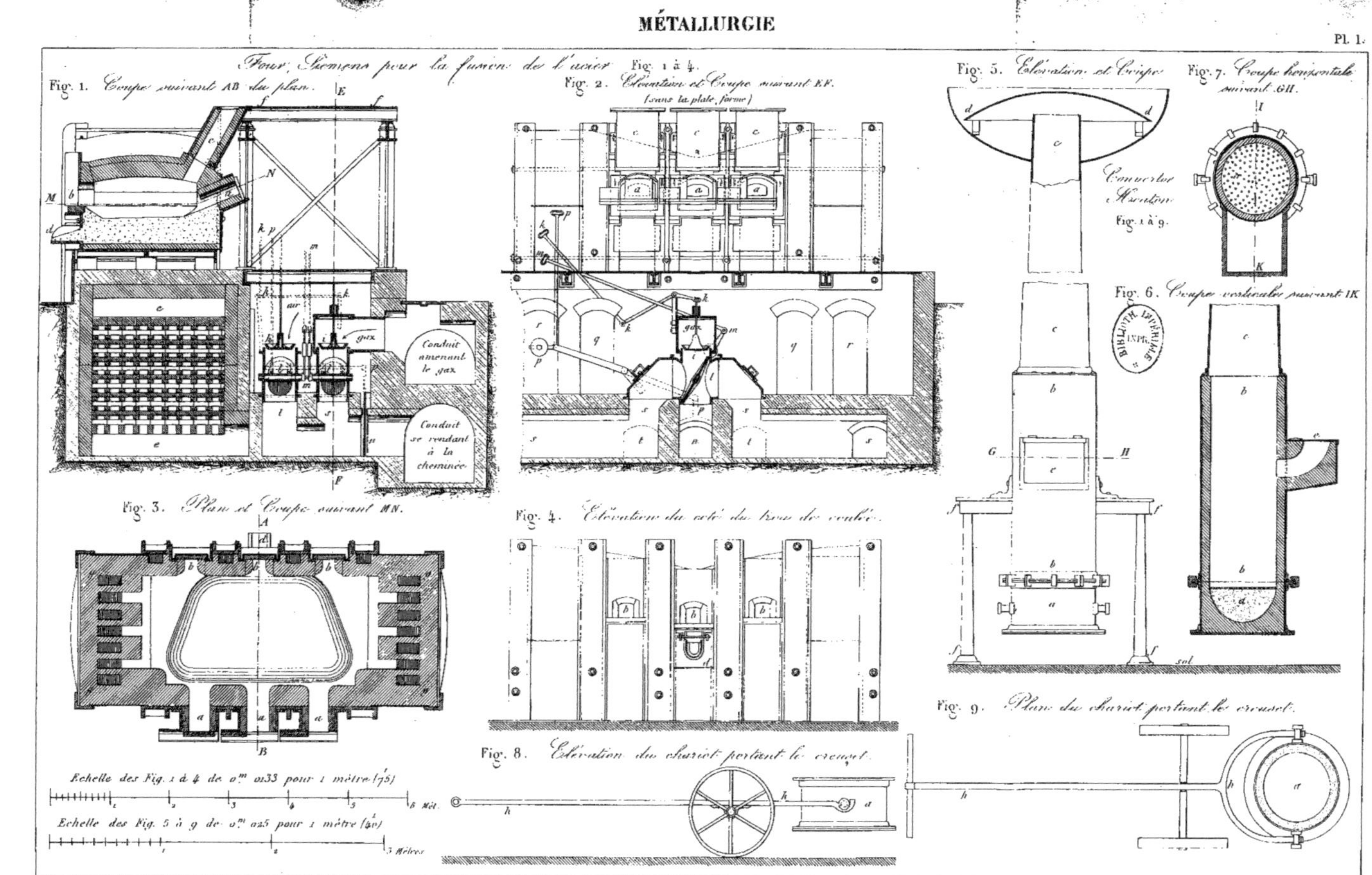

Fig. 1. Coupe verticale suivant AB.

Fig. 3. Coupe verticale suivant EFGH.

Four Siemens pour l'affinage de la fonte par le minerai réduit.

Fig. 2. Coupe horizontale suivant CD.

Fig. 4. Coupe suivant IK.

Fig. 5. Coupe suivant LM.

Échelle de 0m.033 pour 1 mètre.

Annales des Mines, 6e Série, Tome XVI, pages 1 et suiv.

Lemaître, Graveur de l'Empereur, sc.

Four d'affinage pour acier fondu, (procédé Martin.) (Fig. 1 à 5.)

Fig. 3. Coupe longitudinale suivant MNOPQR.

Fig. 2. Coupe suivant BKIA.

Fig. 1. Élévation de la face de coulée.

Générateur Boëtius. (Fig. 6 à 9.)

Fig. 6. Coupe suivant EF.

Fig. 8. Coupe suivant IK.

Fig. 4. Plans suivant EF et GH.

Fig. 10. Coupe suivant AB.

Fig. 11. Plan.

g conduit allant à la cheminée

Fig. 9. Coupe suivant LM.

Fig. 5. Coupe suivant DC.

Fig. 12. Coupe par ab.

Appareil Ellershausen. (Fig. 10 à 12.)

Fig. 7. Coupe horizontale par GH.

Echelle des Fig. 1 à 9 de 0m.013 pour 1 mètre.

Lemaitre, Graveur de l'Empereur, sc.

9 782019 221324